LEONARDO DA VINCI

ALS

INGENIEUR UND PHILOSOPH.

EIN BEITRAG ZUR GESCHICHTE

DER

TECHNIK UND DER INDUKTIVEN WISSENSCHAFTEN

VON

Dr. HERMANN GROTHE.

BERLIN,
NICOLAISCHE VERLAGS-BUCHHANDLUNG
(STRICKER)
1874.

Hermann Grothe

LEONARDO DA VINCI

ERFINDER UND KONSTRUKTEUR

REPRINT – VERLAG
LEIPZIG

Die zum Teil geminderte Druckqualität ist auf den
Erhaltungszustand der Originalvorlage zurückzuführen.

Bibliografische Information Der Deutschen Bibliothek
Die Deutsche Bibliothek verzeichnet diese Publikation in der
Deutschen Nationalbibliografie; detaillierte bibliografische
Daten sind im Internet über http://dnb.ddb.de abrufbar.

Volker Hennig, Goseberg 22-24, 37603 Holzminden
www.reprint-verlag-leipzig.de
ISBN 3-8262-0720-3
ISBN 3-8262-0721-1 (Lederausgabe)

5. Reprintauflage der Originalausgabe von 1874
nach dem Exemplar des Verlagsarchives

Lektorat: Andreas Bäslack, Leipzig
Einbandgestaltung: Jens Röblitz, Leipzig
Gesamtfertigung: Westermann Druck Zwickau GmbH

Vorwort.

Die hiermit der Oeffentlichkeit übergebene Schrift behandelt die hervorragende Stellung, welche dem grofsen Maler Leonardo da Vinci auf den Gebieten der Naturwissenschaft und der Technologie gebührt und soll als ein Beitrag zur Geschichte der induktiven Wissenschaften und der Technik angesehen werden. Zur Grundlage dienten mir die Notizen und Skizzen, welche ich aus den Manuskripten des Leonardo entnahm. Der Beifall, der mir bei Gelegenheit des Vortrags hierüber im Verein für Gewerbefleifs in Preufsen zu Theil wurde, ermuthigte mich, diese Arbeit — die erste, welche sich bemüht, die vielseitige Bedeutung des grofsen Mannes für die Wissenschaft und ihre Geschichte zu würdigen und bekannter zu machen — in den Verhandlungen des Vereins niederzulegen, aus welcher sie nun als eine selbstständige Ausgabe auch für das gröfsere Publikum vorliegt.

Für die freundliche Durchsicht und Kritik beim Druck sage ich dem Herrn Geh. Regierungsrathe Prof. F. Reuleaux hier gern meinen besonderen Dank.

Berlin, im Juli 1874.

H. Grothe.

Leonardo da Vinci
als Ingenieur und Philosoph.

Ein Beitrag
zur Geschichte der induktiven Wissenschaften und der Technik des Maschinenwesens.
(Periode 1450—1519.)

Von Dr. Hermann Grothe.

Mit 77 Holzschnitten und 1 autographirten Tafel.

I.

Nachdem ein Jahrhundert etwa vergangen ist seit jener Epoche, welche uns die grofsen Schöpfungen des Maschinenwesens geboren hat, ist es an der Zeit, die geschichtlichen Daten dieser und der folgenden Zeit zu sammeln und festzustellen, damit dem späteren Forscher die Arbeit erleichtert und der Vergessenheit so viel als thunlich entrissen werde. Aber diese Geschichte kann nicht ohne Rückblick auf die früheren Perioden geschrieben werden, denn die Errungenschaften der neueren Zeit stehen mit dem Schaffen der vorhergehenden Zeit in Verbindung; häufig fufsen sie in dem vormals Gefundenen und Versuchten, und das, was in neuerer Zeit „gefunden" wurde und wird, ist nicht immer gefunden, sondern wiedergefunden, indem der schaffende Geist einzelner Vorfahren denselben Gedanken, der Zeit vorauseilend, ausführte, aber in den Verhältnissen der Zeit keinen fruchtbaren Boden haben konnte für das Produkt der schöpferischen Thätigkeit. Zweierlei sind die Kennzeichen der seitherigen Erfindungen gewesen, ob sie grofs und anerkannt wurden, oder ob sie vergessen blieben, — erstens, dafs sie etwas Neues enthielten und darboten, was das Bestehende an Leistungsfähigkeit und Nutzen überragte, — zweitens, dafs sie wohl Neues in sich bargen, aber Neues, dessen Neuheit entweder nicht leistungsfähiger sich zeigte als Bestehendes für gleichen Zweck, oder aber so aufserordentlich viel mehr leistete und so viel Neues mit sich brachte, dafs der Menschengeist der gewöhnlichen Menge der Zeit nicht ausreichte, diese hohe Leistung zu begreifen, viel weniger zu benutzen. Ja nicht selten sind die Fälle, wo an Spekulationen, selbst wenn sie Neues schafften und enthielten ohne die Leistung des Bestehenden zu übertreffen, ein Menschengeist zu Grunde ging und in eingebildetem Undank der Welt seinen geistigen Tod fand, — aber jene Fälle sind noch häufiger, dafs das seiner Zeit voreilende Genie Erfindungen machte, die seinen Zeitgenossen wegen der Gröfse der Idee unheimlich, gefährlich, ja strafbar erschienen! Wie viele frühere Entdeckungen uns verloren gegangen sind durch Aberglauben und Wortglauben, durch die Verfolgungen der fanatischen Geistlichkeit, die jeden denkenden Mann im Mittelalter zu verdächtigen für nothwendig fand, und andererseits durch die Furcht vor den entsetzlichen Folgen nur des Verdachtes einer Ungläubigkeit, die aus jeder That und jedem Wort herauszudeduziren war, — wir können es nicht ermessen. Allmählich nur tauchen hier und da Notizen auf, Funde der fleifsigen Forscher, dafs diese und jene neue Sache bereits vor Jahrhunderten versucht ward, welche jetzt vollen Gebrauch geniefst, nachdem sie wieder erstanden ist. Die freiere Denkungsart unserer Zeit bricht sich nach allen Richtungen hin Bahn, und was früher ängstlich verborgen ward, gelangt allgemach zur Kenntnifs, und bestätigt das, was wir oben angeführt. Es ist aber nothwendig, bei der Beurtheilung der Leistungen der Jetztzeit die früheren ernst zu berücksichtigen. Wir müssen uns daher damit beschäftigen, den früheren Erfindern und Erfindern von Bedeutung nachzuspüren, vielleicht erhält dann manches Blatt der Geschichte der Erfindungen einen anderen Inhalt, und manches Bild gewinnt einen neuen Reiz oder verblafst im Scheine der Vorzeit.

Für die Geschichtsschreibung über die Entwicklung der machinellen Apparate und Vorrichtungen ist im allgemeinen noch wenig gethan. Ist doch überhaupt die geschichtliche Entwicklung der Technologie noch ungenügend durchforscht, und alle Berichte darüber glänzen noch durch ihre Lückenhaftigkeit. Im Ende des vorigen Jahrhunderts lebte kürzere Zeit hindurch ein regeres Streben hierfür, und dieser Periode verdanken wir die fleifsigen Arbeiten Heeren's, Beckmann's, Poppe's, Gmelin's, Murhard's, Scheibel's, Heilbronner's, Meuken's, Rosenthal's u. A. und der Encyklopädisten. Allein, wenn auch die encyklopädische Literatur weiterwucherte, — die eigentlich geschichtliche Forschung verlor an Intensität. Mit Ausnahme einzelner spezieller Geschichtsschreibungen über technische Einzelgebiete besitzen wir kein einziges umfassendes Werk über Geschichte der Technologie, denn auch Karmarsch's jüngst erschienenes bedeutendes Werk hat nur die Geschichte der Technologie im letzten Jahrhundert zum Vorwurf und greift nur hin und wieder wirklich eingehender auf die frühere Zeit hinüber.

Nicht mit Unrecht hat man geltend gemacht, dafs dieser Umstand seine Entstehung der unvollkommenen Erledigung der Geschichtsschreibung für diejenigen Wissenschaften zuzuschreiben habe, welche als Fundamente der Technologie im umfassendsten

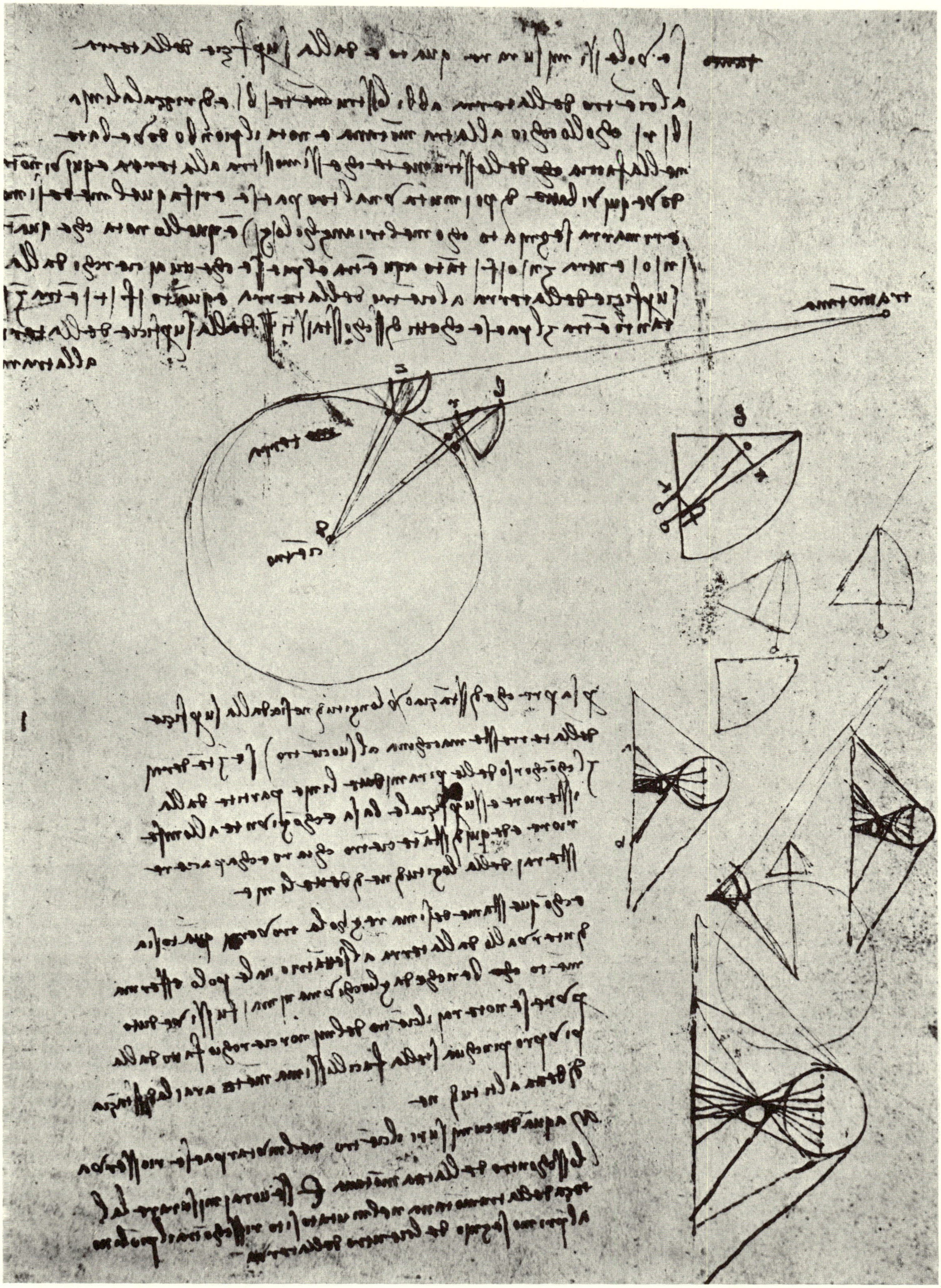

Messung der Erde von ihrer Oberfläche bis zum Mittelpunkt

Sinne gelten müssen. Wo wir auch hingreifen im Gebiet der angewendeten Mechanik, immer finden wir den Einflufs der induktiven Wissenschaften mächtig wirksam. Die Naturbetrachtung und die Naturforschung ist die Mutter aller unserer Hülfsgeräthe, und die Erzeugung der letzteren ist um so häufiger und um so erfolgreicher, je mehr naturwissenschaftliche Studien getrieben worden sind. Die Geschichte der induktiven Wissenschaften sowohl als die Geschichte der alten Philosophen lehrt uns dies. Mit Thales begann die Naturforschung um 600 v. Chr. einen bestimmten Karakter zu gewinnen. Durch Pythagoras ward sie fortgeführt und nach gewissen Richtungen hin ausgebildet. Hippokrates, Sokrates, Plato lernten von der Natur und basirten ihre Philosophien auf solchen Anschauungen. Herodot und Theophrastus wufsten die Bedeutung der Naturwissenschaften durchaus zu schätzen, und ihre Werke dienten denselben. Aristoteles begriff vielleicht am besten die gewaltige Bedeutung der Naturforschung durchweg und bemühte sich, den Gesetzen der Natur auf die Spur zu kommen. Wenn er in vielen Dingen hierfür absolut falsche Bahnen betrat, so war doch sein Wort und sein Bestreben von allerwichtigstem Einflufs, und von ihm an, — lange, zu lange sogar in fast sklavischer Anerkennung seiner Autorität — trieb man Mathematik, Mechanik, Astronomie u. s. w. in seinem Geiste und in Nachfolge seiner Bahnen. Das Museum zu Alexandria und seine Gelehrten konnten sich nicht vom Aristotelischen Einflufs losmachen, wenn auch Einzelne wie Euklides, Eratosthenes, Hipparchus, Aristarchus selbstständig auftraten. Die Lehren des Aristoteles entbehrten der Klarheit, und ohne aus einer wirklichen Erfahrung oder aus Versuchen hervorzugehen, enthielten sie lediglich Spekulationen, zwar oft geistreich und hart an der Wahrheit hinstreifend, aber ohne Beweis und Belag aus der Natur der Dinge selbst. Wie ein strahlender Held der wirklichen Forschung, der Durchdringung der Gesetze der Natur taucht dazwischen Archimedes (287—212 v. Chr.) auf, von dem Silius Italicus schreibt:

> Ewige Zierde verlieh ein Mann der korinthischen Pflanzstadt,
> Weit voraus an Talent den anderen Söhnen der Tellus,
> Arm an Besitz, doch offen dem Auge lag Himmel und Erde!

und von dem unser Leibnitz sagt:

> „Wer den Archimedes zu begreifen im Stande ist, der wird den Entdeckungen der Neuzeit lauere Bewunderung schenken.“

Das Urtheil des Plutarch über die geistige Kraft dieses Mannes, über seine Gesinnung und über seinen Eifer als Forscher ist für uns von allerhöchster Bedeutung. Er sagt:*)

„Solchen Stolz und solche Hoheit des Geistes und solchen Reichthum an Wissen besafs Archimedes, dafs er grade über die Dinge, durch welche er sich den Namen und Ruhm nicht eines menschlichen, sondern beinahe eines göttlichen Verstandes erworben hatte, nichts Schriftliches hinterlassen wollte, weil er die Beschäftigung mit der Mechanik

*) Plutarchi vit. parall.: Marcellus.

und überhaupt jeder Kunst, die sich mit den praktischen Bedürfnissen befafst, für unedel und niedrig hielt. Mit Vorliebe beschäftigte er sich allein mit solchen Gegenständen, die, ganz abgesehen von ihrer Nothwendigkeit, schön und vortrefflich sind. Es ist nicht möglich, in der Geometrie schwierigere und tiefsinnigere Aufgaben einfacher und klarer gelöst zu finden. Und dies schreiben Einige dem angebornen Genie des Mannes zu, Andere dagegen sind der Meinung, dafs durch seinen aufserordentlichen Fleifs jedes Einzelne den Anschein von leicht und mühelos Gefertigtem erhalten habe. Denn während man durch eigenes Nachdenken einen Beweis nicht findet, entsteht zugleich mit dem Erlernen die Einbildung, dafs man ihn doch auch selbst hätte finden können; auf einem so leichten und schnellen Wege führt Archimedes zu dem, was er beweisen will. Man hat daher auch nicht Ursache, dem keinen Glauben zu schenken, was von ihm erzählt wird, dafs er nämlich, wie immer, von einer befreundeten und vertrauten Sirene bezaubert, Essen und Trinken vergafs und die Pflege seines Körpers vernachlässigte. Oft nöthigte man ihn mit Gewalt zum Salben und Baden; aber auch dann bemalte er die Hände mit geometrischen Figuren und zog auf dem gesalbten Leibe mit dem Striegel Linien, von grofsem Vergnügen überwältigt und wirklich von den Musen in Verzückung versetzt."

Leider wissen wir sowohl von seinem Leben nur Unzureichendes als auch von der augenscheinlichen Fülle seiner Arbeiten. Die Nachrichten, welche uns darüber von anderen Schriftstellern aufbewahrt wurden, lassen nur um so schmerzlicher die schweren Verluste beklagen. Wie des Archimedes Erfindungsgeist die meisten Theile der Mathesis mit wichtigen Entdeckungen bereicherte, so auch die Mechanik. Allein von allen seinen Arbeiten sind uns seine Schriften über die Kugel und den Cylinder, über die Ausmessung des Kreises, über Sandberechnung, über die Spirale, über Conoïde und Späroïde, vom Gleichgewicht und über das Centrum gravitatis, über die Quadratur der Parabeln bekannt. Und auch diese haben wir nur aus der Rezension des Isodorus und seines Schülers Eutocius erhalten, welcher letztere einen werthvollen Kommentar dazu gab. In manchen Schriften des Mittelalters klingt es freilich, als ob noch andere Schriften des Archimedes vorhanden waren, — allein für uns scheinen sie verloren! — Aber was noch viel beklagenswerther war, mit Archimedes' Tode waren auch seine Gesetze und Lehren schnell vergessen. Man wufste wohl noch, wie sie lauteten, — aber kannte die Beweisführung dafür nicht mehr, und eine kurze Zeit nachher war wieder alle Naturforschung auf die Aristotelische Methode zurückgekommen. „Archimedes hatte die intellektuelle Welt aus ihrer Ruhe aufgeweckt, aber sie fiel gleich wieder in ihre frühere passive Ruhe zurück, und die Wissenschaft der Mechanik blieb dort stehn, wo man sie hingestellt hatte."

Unter den späteren Naturforschern ragt noch Ptolomaeus hervor, soweit wir ihn aus den Ueberbleibseln seiner Schriften kennen, und vor ihm war Hipparchus für die Astronomie von hervorragender Bedeutung. Von den Arbeiten dieser bedeutenden Männer blieb nur spärliche Kunde. —

Die Methode des Mittelalters, die Natur zu betrachten, wandte sich mit vollen Segeln der Aristotelischen Weise zu, und der Einflufs des Archimedes war erloschen. Schon die Gelehrten, die noch wesentlich im klassischen Alterthum fufsten, wie Pappus, einer der besten Mathematiker der alexandrinischen Schule (400 v. Chr.), hatten keine Kenntnifs mehr von den klaren Lehren des Archimedes, und jene kommentatorische und kritische Arbeit des Isodorus und Eutocius über die archimedischen Schriften ward ignorirt und erst nach Jahrhunderten wieder hervorgeholt, ja neu aufgefunden. Die Lehre des Aristoteles aber ward überall, ohne Kritik fast, acceptirt, sie ward ein effektives Glaubensbekenntnifs, dem selbst die Araber ihre Anhänglichkeit schenkten, und von der das christliche Mittelalter entzückt war und dem es blind angehörte — freilich mit dem öfters wiederholten Bedauern, dafs „Herr Aristoteles leider ein Heide gewesen!“ Dafs in den mechanischen Dingen eine solche absolute Dunkelheit und Verwirrung herabgesunken war und diese schwer und dauernd auf den Geistern des Mittelalters ruhte, — hatte die Folge, dafs im Mittelalter ein Fortschritt in Anwendung der Mechanik und überhaupt der Naturgesetze sehr wenig bemerkbar wurde. Die damaligen Verbesserungen an Handwerksgeräth und Hausmaschinen waren Kinder der Zufälligkeit, nicht des begründeten Handelns. —

In dieser Dunkelheit erschien dann 1214—1293 ein hellerer Geist, ein jedenfalls merkwürdiger Mann, mit Begriffen und Ansichten, die sich aus der lahmen Denkweise seiner Zeit kräftig abhoben. Er beobachtete schärfer, als es in seiner Zeit Gebrauch war, er machte sich mehr frei von den Banden aristotelischer Weisheit als einer seiner Zeitgenossen oder Gelehrten vor ihm, er predigte die Wichtigkeit des Experimentes und blickte auf die Kenntnifs seiner Zeit herab wie auf die Kindheit der Wissenschaft, wie Whewell richtig bemerkt. Aus den arabischen Schriftstellern, wie man oft behauptet, konnte dieser Mann, Roger Bacon, nicht schöpfen, sie waren ebenfalls den aristotelischen Lehren ergeben, und er erhebt sich so weit darüber hinaus! Alleinstehend in seiner Zeit bezeichnet uns Roger Bacon doch eine erste Regung des gebildeten Geistes zu selbstständigen Gedanken und selbstthätigem Schaffen, und er beginnt eigentlich die Kette der Philosophen, die es versuchten, die Banden der hergebrachten Anschauungsweise zu zerbrechen. Der Beginn eines Erwachens der Wissenschaften, die an die Natur sich anschliefsen, wird durch ihn eröffnet. Nach der allgemeinen Annahme ersteht mit Galilei dann die Naturwissenschaft aus ihrem Schlummer gänzlich 1602. Ueber die dazwischen liegende Periode ist wenig bekannt. Warum? Wir finden, dafs der Glanz der Ideen und Gesetze des Kopernikus und des Galilei die unmittelbar vorangehende Vorbereitungszeit verdunkelte! dafs die schnelle Fortentwicklung der induktiven Wissenschaften durch sie und nach ihnen vergessen machte zu untersuchen, was vorher bekannt war, wer vorher in gleicher Richtung gearbeitet hatte. Man wufste nicht, wie weit die Ideen beider Originalideen waren, und begnügte sich mit der Thatsache der Neuschöpfung der Wissenschaft. Aber jede grofse Zeit hat ihre vorhergehende oft langsame Vorbereitung, und sie fehlte auch dieser Periode nicht. Aus der Entwicklung der Handwerke und Künste heraus entstanden Anregungen für die wissenschaftliche Beobachtung, entstanden Erfahrungen und Fakta, welche unbezweifelt dastanden, aber in ihrer Entstehungsweise unerklärt geblieben waren, ihres Beweises und ihrer Begründung entbehrten.

Politische Ereignisse pflegen stets mit den Kulturentwicklungen Hand in Hand zu gehen! Und so finden wir den Schlüssel, dafs Italien die Stätte der Aufklärung werden mufste, jenes Land, wo in jener Periode das Individuum eine Stellung gewann, wo in vielen kleinen Republiken und Staaten die Arbeit neben dem Streben nach Erhaltung der Unabhängigkeit alles durchlebte bis in die kleinste Hütte hinein, wo Venedigs meerbeherrschende Flotte den Orient zum Occident herantrug, wo die Sehnsucht nach der Konstituirung der Macht in der Blüthe der Handwerke und Künste gestillt ward und kein Mittel unversucht blieb, die Industrie an gewisse Stätten zur Wahrung ihrer Macht zu bannen, — wo Kriege von dem Einen unternommen wurden, um lediglich Industrien dem Andern zu entreifsen und sich zuzueignen, — wo die Erfindungen Nationaleigenthum und so hoch geschätzt wurden, dafs deren Verrath gleichsam als ein Verrath am Vaterlande sogar mit dem Tode bestraft wurde! Solche Ansichten, solche Mafsnahmen durchzogen jene Zeit; Hand in Hand mit den politischen Ereignissen giengen die industriellen Ereignisse. Roger II. von Sicilien wollte seinem Lande die Seidenzucht und die Seidenweberei schaffen, weil er sah, dafs beides den griechischen Landen Reichthum brachte — und er überzog Griechenland mit Krieg und führte im Siege alles mit hinweg, was zur Gründung der Seidenindustrie in Palermo nothwendig war. Als Lucca im Besitz des Seidenbaues und der Seidenmanufactur war, schlofs es sich eng ab und gab so durch Macht und Reichthum, aus dieser Quelle entsprossen, Anlafs zum Neide der Nachbarn, dem dann die Zerstörung der Stadt durch Uebermacht folgte. Bologna genofs fast 120 Jahre die Segnungen eine Spinnmaschine von Borghesano und gewann Macht und Marmorpaläste, bis das Geheimnifs der Maschine verrathen ward, und in Folge davon nach Angabe der Chronisten 30,000 Menschen brodlos wurden. Dieses Beispiel zumal zeigt uns den gewichtigen und merkwürdigen Einflufs bedeutender Erfindungen und die eigenthümliche Stellung der Handwerksfortschritte in der Kleinstaaterei Italiens. In ganz ähnlicher Weise konnten sich die Glasmacher auf Murano in Venedig von aller Welt isoliren und ihre Kunst geheimhalten zu eigenem Vortheil. In gleicher Stellung wurde das florentinische Tuchbereitungsgewerbe als Unicum erhalten etc.

Alle diese Thatsachen aber weisen auf eine Vorbereitungszeit hin, — über welche wir wenig bisher wissen. Es mufs in jener Zeit hervorragende Erfinder und Verbesserer für die Handwerke gegeben haben, und zwar reichlicher, als die wenigen Namen andeuten, die uns bisher bekannt wurden. Aus der Entwicklung der Industrie aber mufsten nothwendig neben dem Reichthum und der Macht zahlreiche Anregungen hervorgehen, zu Studien, zur Erforschung der Naturkräfte, die in den zur Industrie benutzten Mitteln sichtbar oder unsichtbar sich konstatirten. Eine Geschichte der Technologie kann nicht geschrieben werden ohne eingehendste Durchforschung der Quellen, welche über diese Vorbereitungsperiode berichten, ebensowenig eine Geschichte der induktiven Wissenschaften. Was sagt Whewell in seiner Geschichte der induktiven Wissenschaften über die Vorperiode der Galilei'schen Zeit? „Der Scharfsinn des grofsen Mannes (Archimedes) war nahe daran, die so tief verborgene Wahrheit (der Statik) zu entdecken, aber der dichte Nebel, den er auf einen Augenblick durchbrach, schlofs sich sofort hinter seinen Schritten, und die alte Finsternifs und Verwirrung lagerte sich wieder auf das ganze Land. Und diese dunkle Nacht währte beinahe volle zwei Jahrtausende bis auf die Epoche Galilei's, namentlich bis zur ersten Ausbreitung der Kopernikanischen Entdeckung."

Whewell hat wohl den Fortschritten der astronomischen Entwicklung manche werthvolle Leistung aus der Periode vom 13., 14. und 15. Jahrhundert anzureihen, — aber in der Entwicklung der mechanischen Gesetze kann er uns zwischen Archimedes und Galilei wenige aufführen, die von einiger Bedeutung waren, und auch diese, wie Cardanus, Ubaldi, Benedetti, Varro gehörten schon dem 16. Jahrhundert an. Er gesteht auch einfach ein, dafs er diese Zeit nicht kannte, da sie bis dahin undurchforscht geblieben! Er sagt zum Schlufs des Abschnittes, nachdem er gezeigt, wie Benedetti 1551 in einer Begründung über den Steinwurf mit hervorragender Klarheit den Begriff der accelerirenden Bewegung (die selbst Galilei erst später sich zu eigen machte) darlegte: „Obschon Benedetti solchergestalt auf dem Wege war, das erste Gesetz der Bewegung, das Gesetz der Trägheit, zu entdecken, nach welchem alle Bewegung geradlinig und gleichförmig ist, so lange sie nicht durch äufsere Kräfte verändert wird, — so konnte doch dieses Prinzip nicht eher allgemein aufgefafst, noch gehörig bewiesen werden, bis auch das andere Gesetz, durch welches die eigentliche Wirkung der Kräfte bestimmt wird, in Betrachtung gezogen wurde. Wenn also auch eine unvollkommene Appreziation dieses Prinzips der Entdeckung der Bewegungsgesetze vorausgegangen war, so mufs doch die wahre Aufstellung desselben erst in die Periode, wo alle diese Gesetze selbst entdeckt wurden, das heifst, in die Periode des Galilei und seines ersten Nachfolgers gesetzt werden." Als Whewell dieses harte Dogma ausgesprochen und niedergeschrieben hatte, da fiel ihm ein Buch in die Hand, welches von einigen Lehren aus Leonardo da Vinci's Manuskripten berichtete. Der erstaunte Geschichtsschreiber las und sah, wie in Leonardo's Lehren vieles bisher Vermifste und Unaufgeklärte deutlich enthalten war — und das Wenige, was ihm hiervon vorlag, reichte schon hin, Whewell zu bewegen, folgenden Nachsatz zu machen, nachdem er anerkannt, dafs Galilei's Ansichten und Lehren an vielen Orten mit denen des Leonardo viel Aehnlichkeit haben, und nachdem er gezeigt hatte, dafs Leonardo dem Galilei in Anspruch einer Reihe von wichtigen mechanischen

Gesetzen zuvorkam, —: „Die allgemeine Betrachtung, zu der diese Bemerkungen Anlafs geben, ist wohl die, dafs die ersten wahren Ansichten von der Bewegung der Himmelskörper um die Sonne und von der Bewegung überhaupt seit dem Anfang des 16. Jahrhunderts in den bessern Köpfen sich zu regen und zu fermentiren begannen, und dafs sie allmählich Klarheit und Festigkeit schon etwas vor jener Zeit angenommen haben, wo sie öffentlich aufgestellt sind!" Die Thatsache, welche dem Whewell entgegentrat, dafs Leonardo volle hundert Jahr früher als Galilei bereits klare Ansichten über die Anwendung der Hebelgesetze, über die schiefe Ebene, über die Zeit des freien Falls etc. hatte, imponirte, wie wir sehen, dem geistreichen Geschichtsschreiber, aber seine Zeit bot ihm noch keine Hülfsmittel, um seinen ersten Ausspruch sehr wesentlich zu modifiziren, — er kannte ja selbst Leonardo's Leistungen nur unvollständig und unklar. Seitdem ist hier und da ein neuer Beleg aufgetaucht für die Nothwendigkeit der näheren Durchforschung der wissenschaftlichen Geschichtsquellen, um jene Zeit aufzuhellen. — Weshalb, diese Frage stöfst uns auf, wissen wir so wenig aus jener Zeit? —

Schon oben führten wir aus, wie die Industrien der Staaten sich abschlossen! Ebenso eifersüchtig war man anfangs in wissenschaftlichen Dingen, — man denke doch nur an die Disputationen und Kothwerfereien zwischen den italiänischen Universitäten des Mittelalters, die über die einfachsten, sowie über die absurdesten Dinge mit gleicher Heftigkeit geführt wurden, — ohne irgend einen Kern von Geist und Wissenchaft! Man denke an den religiösen Einflufs, der jede freie Meinungsäufserung, die von kanonisirten Vorschriften abwich, verfluchte und vernichtete. Die eigentliche Scholastik und der Nominalismus haben naturwissenschaftliche Forschungen nicht verhindert, — wohl aber that es der Verfall der scholastischen Philosophie im 15. Jahrhundert, während welcher Zeit „der Dogmatismus unterging und der Skeptizismus sein Haupt erhob." Wenn man über Fragen eifrig debattirte, wie die, „welches Kleid der Engel angehabt, der der heiligen Jungfrau die Meldung des Himmels brachte?" und andere, wie sie die Quaestiones Quodlibeticae enthielten, — dann mufs man von vornherein annehmen, dafs ernste Arbeiten ohne Berücksichtigung blieben und keine Oeffentlichkeit erlangten. Alles hatte sich gleichsam in jener Periode dem Bekanntwerden besserer und aufgeklärter Ansichten widersetzt: die Kirche, die Universität, die Staatseinrichtung, die industriellen und kommerziellen Einrichtungen und Mafsnahmen. — Wie sehr die Publikationen vergessen wurden, davon zeugt die gänzliche Vergessenheit und Unbekanntschaft der Manuskripte Leonardo's schon zu seiner Zeit. Keiner der Schriftsteller über Mechanik, Mathematik, Metallurgie, Handwerke u. s. w. im 16. Jahrhundert nennt seinen Namen. Vannuccio Biringoccio, der in seinem Handbuch der Metallurgie nur frühere Werke exzerpirte (1540), zitirt ihn nicht, ebenso die ganze Schaar späterer Schriftsteller, trotzdem Leonardo da Vinci der Metallurgie nahe stand. Ebenso kennen ihn die Autoren über Mechanik nicht u. s. w. Einzig bekannt und anerkannt waren seine

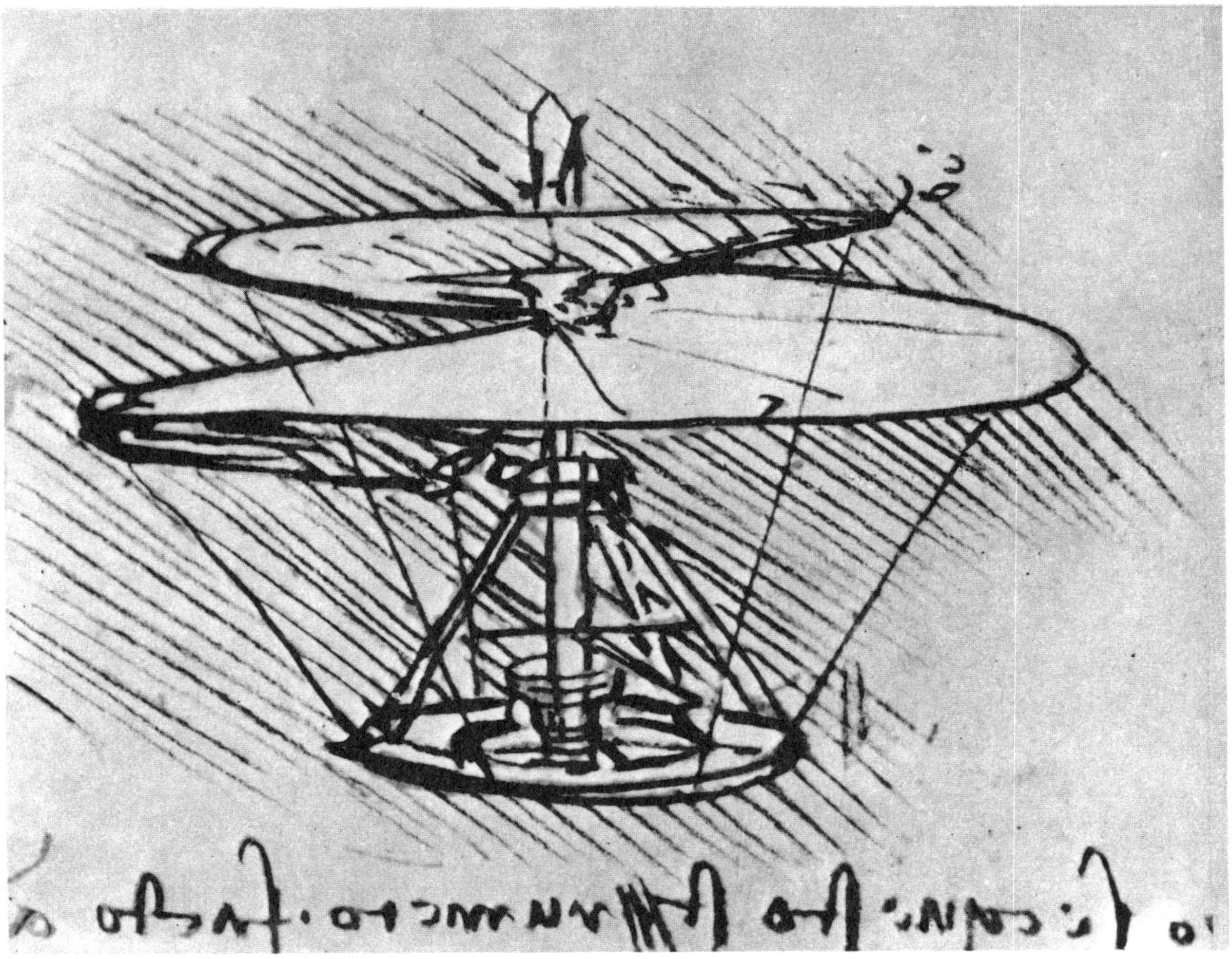

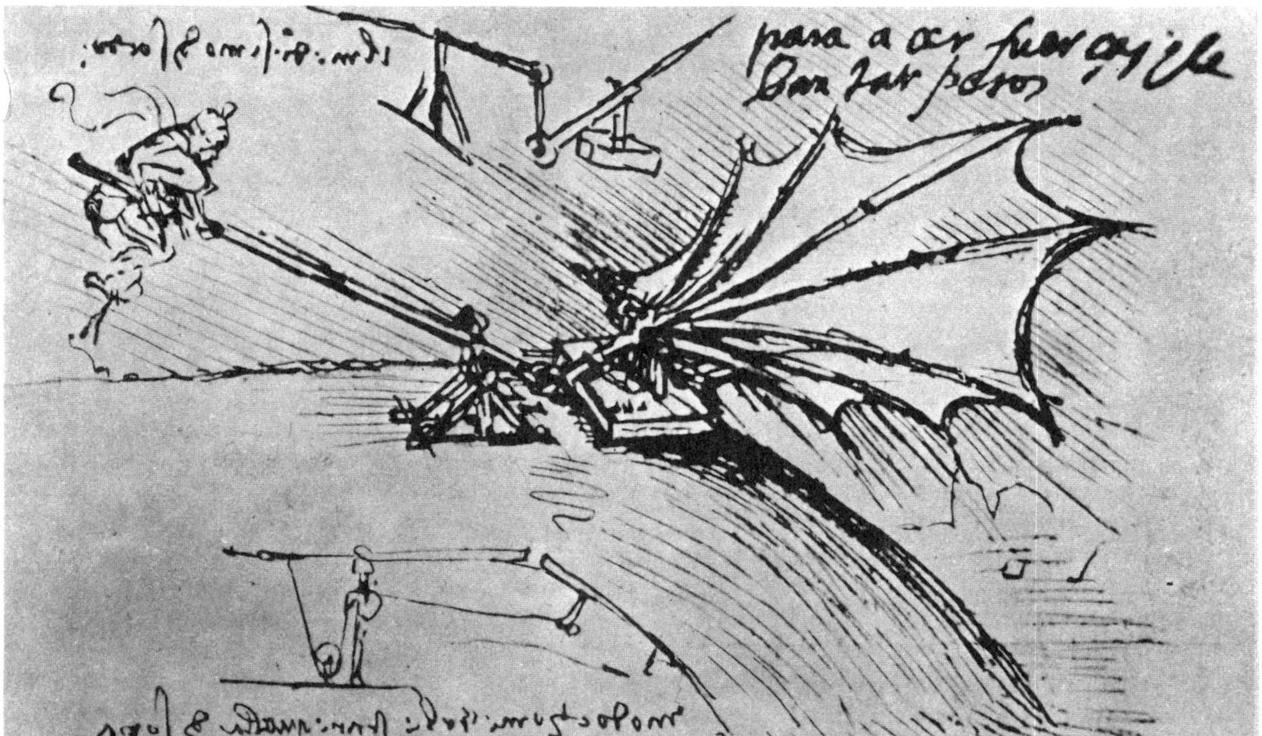

Oben: Luftschraube
Unten: Versuch zur Bestimmung des Flügelauftriebes

Schriften zur Hydraulik, die zu seinen Lebzeiten bereits in die Oeffentlichkeit drangen. Solche Fälle sind nicht selten gewesen; sie kehrten oftmals wieder und sind theils begründet in den politischen Ereignissen, — mehr noch hängen sie davon ob, *in wessen Hände nachgelassene Manuskripte übergehen!* und hierin liegt, wie wir noch ausführlicher mittheilen werden, der Grund für die Einflufslosigkeit der Aufzeichnungen des Leonardo, die wir tief beklagen müssen nach jeder Richtung hin. —

Wenn wir oben bemüht waren zu zeigen, welche Nothwendigkeit vorherrscht, für die Klarlegung der Geschichte der induktiven Wissenschaft und auch speziell der Geschichte der Technik ein Geschichtsstudium zu fordern, welches sich auf die vor-Galilei'sche Periode bezieht, um zu einer richtigen Würdigung der Galilei'schen Epoche selbst zu gelangen und die Geschichtsfakta organisch zu regeln und richtig zu benutzen, um die Gröfse und den Werth der Fortschritte der Neuzeit zu ermessen, so haben wir damit gleichsam ein Motiv beigebracht für unsere nachstehenden Studien über Leonardo da Vinci, als *den hervorragendsten Vorgänger Galilei's* und besonders auch *als den Schriftsteller, der über die Ansichten und Kenntnisse seiner Zeit Licht verbreitet.*

II.

Wir wollen zunächst über Leonardo da Vinci's Leben und Wirken im allgemeinen das Nothwendige beibringen. Die Lebensumstände sind von Wichtigkeit auf sein Schaffen und Denken gewesen.

Leonardo war der natürliche Sohn des Ser Piero da Vinci, Notarius der Signoria von Florenz, und zwar von Catarina, später verheirathete Accattabriga di Piero del Vacca di Vinci, und ward geboren 1452 auf dem Castell Vinci. Piero da Vinci war später noch vier mal verheirathet und hatte aufser dem Leonardo eilf Kinder. Von diesem rührte die zahlreiche Familie der da Vinci her, die sich in einer von dem Bruder Domenico und seinem Enkel Piero entstandenen Linie bis auf den heutigen Tag erhalten hat und heute sechs Brüder zählt, deren ältester den Namen Leonardo trägt, geboren 1845. Die Familienverhältnisse Leonardo's sind Gegenstand der eingehendsten Untersuchungen und Nachforschungen gewesen. Wir erwähnen das neueste Werk hierüber: Ricerche intorno a Leonardo da Vinci von Gustavo Uzielli (1872). —

Leonardo zeigte früh schon grofse Neigung zur Kunst und Liebe zur Natur, während er im Vaterhause mit seinen legitimen Brüdern erzogen wurde. Der Vater Piero erkannte das noch schlummernde Talent seines Sohnes und brachte ihn zu dem Maler und Skulptor *Verrochio*. Dieser Maler hatte sich weniger durch seine Werke, als durch die treffliche Art der Heranbildung von Schülern ausgezeichnet und einen Namen gemacht. Der Einflufs dieses Mannes ward bedeutsam und entscheidend für Leonardo, denn der Lehrer unterrichtete seine Schüler in allen freien Künsten, zu welchen damals Weberei, Metallgufs und Metallarbeit, Goldschmiedekunst vorzüglich gerechnet wurden, — speziell sodann in der Malerei und Bildhauerkunst.

Leonardo lernte malen, modelliren, die Arbeit des Goldschmieds und des Webers, und eine seiner frühesten trefflichen Arbeiten war jener Adam und Eva-Karton zu einem in Gold und Seide zu wirkenden Vorhang für den portugiesischen König, der die erste Anregung zu Raphaels Adam und Eva im Vatican gegeben haben soll.

Die industrielle Lage von Florenz war zu jener Zeit eine äufserst entwickelte. Man studire nur die Werke des Balducci Pegolotti, pratica della mercatura und eine gleiche Schrift von Giovanni di Antonio da Uzzano, ferner die Werke über die Florentinische Handelsgeschichte, welche in Lucca erschienen, und Canestrini's Abhandlung über den Handel zwischen Florenz und Portugal, und man wird ein höchst interessantes Bild über die emporgeblühte Industrie von Florenz gewinnen! Das Fabrikwesen stand in Florenz obenan, und der gesammte Handel dieser Stadt bestand in Handel mit einheimischen Industrieprodukten.

Trotzdem die Kämpfe der Guelfen und Ghibellinen das Gemeinwesen von Florenz unterwühlten, erhielt sich die Kraft des Mittelstandes. Kunstfleifs, Grofshandel und Geldverkehr nahmen stetig zu. Als Florenz den Hafen Livorno von den Genuesen erkauft hatte, begann die industrielle Blüthe in grofsartigen Dimensionen sich zu entfalten. Florenz handelte mit allen Küsten des Mittelmeeres. Da die florentinischen Manufakturen sich einen hohen Ruf erworben hatten, wurde ihnen das vorzüglichste Rohmaterial zugeführt, Wolle von Spanien, Frankreich, England. Florentinische Tuchweberei übertraf die aller anderen Staaten, — die Scharlachfärberei war eine originale und geheimgehaltene Kunst des Staates, und die Appretur der Tuche in Florenz war so berühmt, dafs die Niederländer, Franzosen, Engländer und Spanier grofse Quantitäten Rohtuche nach Florenz brachten, um sie dort appretiren zu lassen. Gegen Ende des 15. Jahrhunderts war auch die Kunst der Seidenweberei, der Gold- und Silberbrokate dort entwickelt. Als die Medici die Gewalt erlangten und Cosmus, der erste Bürger von Florenz mit Capponi vereint das Gemeinwesen leitete, begann das medicäische Zeitalter für Florenz (und die Welt), so dafs für Kunst und Gewerbfleifs die Zeiten des Perikles zurückgekehrt zu sein schienen.

Um diese Zeit trat Leonardo in das rastlose Treiben und Schaffen von Florenz ein. Er sah die herrlichen Bauten, er sah das Auf- und Abwogen des Handels, er trat in die Fabriken und sah das Bestreben, die Menschenhand zu ersetzen; — alles das mufste auf den regen Geist des jungen Mannes einen tiefen Eindruck machen, sein Sinnen und Denken fördern und Ideen reifen lassen. Wie bedeutend auch seine Fortschritte gewesen sein müssen in der Malerei, lehrt uns jene Mittheilung, dafs Leonardo in einem Bilde seines Meisters für das Kloster Valombroso einen Engel so trefflich gemalt hatte, dafs dieser erstaunt Palette und Pinsel hinlegte, um sie nicht wieder zu ergreifen (was er in der

That nur noch einmal später that). Es wird auch mitgetheilt, dafs Leonardo eifrig die mathematische Wissenschaft in Florenz pflegte, und wir haben keinen Grund, daran zu zweifeln, denn Leonardo war ja der Renovator der wahren Kunst, die alle Schönheit der Natur in richtigen Verhältnissen wiederzugeben strebte. Sein Gemüth liefs ihn dabei an allen Naturkindern Gefallen finden; er liebte die Pferde und die Vögel. Aufserordentlich weit aber brachte er es in der Musik, und sie wurde der erste Anlafs, ihn von Florenz fortzuziehen.

Inzwischen hatte sich sein Ruf weit verbreitet, und eine Schaar von wifsbegierigen Schülern umgab ihn, unter ihnen Francesco Melzi, Cesare da Cesto, Bernardino Lovino, Luini Andrea Salaïno, Marc d'Ogionno, Sandenzio Ferrari, Giov. Antonio Boltraffio, Lorenzo Lotto, Andrea Solaris, Gobbo, Bernazano und andere. Der Herzog Ludwig Maria Sforza (il Moro) berief den Leonardo nach Mailand als ersten Violinisten, nachdem Leonardo in einem musikalischen Wettkampf den Sieg errungen hatte, — keineswegs ohne dabei den gröfsten Maler Italiens zu der Zeit und den inventiven Kopf zu meinen und zu suchen.*) Leonardo fand in Mailand einen hervorragenden Wirkungskreis. Er begründete dort eine Akademie der Wissenschaften und formte den „gothischen Hof des Herzogs in einen athenischen" um, wie Houssaye**) sich ausdrückt. Aus jener Zeit stammt der merkwürdige Brief des Leonardo, aus welchem wir den Kreis seiner Beschäftigungen und seines damaligen Denkens, als Kriegsingenieur, als Architekt, Maler und Skulpteur des Herzogs ermessen können. Wir fügen diesen Brief an geeigneter Stelle ein. 1483 begann Leonardo die Statue Francesco Sforza's zu modelliren, und 1484 schrieb er seinen Traktat von der Malerei und verschiedene Studien. „Am 23. April 1490, schreibt er selbst, habe ich dies Buch begonnen (Traktat von Licht und Schatten) und das Pferd von neuem angefangen." Leonardo's Thätigkeit in dem gewerb- und kunstreichen Mailand war getheilt zwischen der Pflege der Malerei, Architektur, Kriegswissenschaft und des Gewerbfleifses, der Organisation und Ausbildung der Akademie, unter welcher wir eine erste Pflegestätte der Wissenschaft freier und schöner Künste uns vorzustellen haben. Nicht mit Unrecht wird in dieser Beziehung angenommen, dafs eine grofse Anzahl seiner handschriftlich nachgelassenen wissenschaftlichen Betrachtungen dazu bestimmt waren, den Vorträgen in der Akademie zu Grunde gelegt zu werden. — Nicht gering waren die Ansprüche des Hofes an Leonardo. Der Herzog, im Besitz eines von seinem Vater, dem Helden Francesco Sforza, begründeten mächtigen Thrones, liebte die grofsartige Hofhaltung. Roh und gemein von Karakter, liebte er doch die Künste und Arbeiten zur Hebung des Landes, vielleicht nur aus Ehrsucht, nebenbei war er allen Lastern ergeben. Leonardo war gleichsam der Intendant der Hoffestlichkeiten und leistete

*) So erzählt Vasari: Campori glaubt mit Rio, dafs Leonardo nach Mailand gerufen wurde zu Ausführung der Statue Francesco Sforza's.

**) Houssaye, Histoire de Leonard da Vinci p. 56.

nach dem Zeugnifs der Zeitgenossen Niedagewesenes und errang sich den Titel „Famosissimo“ in dieser Beziehung. Zumal bei der Hochzeit des Herzogs mit Beatrix von Este und später bei der Vermählung des Kaisers Maximilian mit Bianca Maria Sforza entwickelte Leonardo ein bedeutendes Talent für solche Schaustellungen. Bei letzter Gelegenheit hatte Leonardo sein von seinen Zeitgenossen, Künstlern, Poeten und Laien gleichstimmig verherrlichtes Modell zu dem Denkmal des Francesco Sforza ausgestellt, und ganz Italien schallte von Bewunderung und Ruhmespreisen des Leonardo wieder, so dafs uns darnach allein schon der Verlust dieses kolossalen und wunderbaren Denkmals unersetzlich und überaus beklagenswerth erscheinen mufs. Aus Mangel an Geld wurde der Gufs in Erz verschoben; endlich zerstörten gaskognische Krieger das Modell.

In diese Periode des Aufenthalts am Mailänder Hofe fallen trotz der vielseitigen Inanspruchnahmen Leonardo's, wie oben skizzirt, eine Reihe von Arbeiten, die den verschiedensten Gebieten angehörend, überall das hohe Genie des Mannes kennzeichnen. Vor allen nennen wir das berühmteste Gemälde „das Abendmahl“ im Speisezimmer der Dominikaner St. Maria delle Grazie. Diese Perle der Malerei ward von seinen Schülern und Zeitgenossen eifrig studirt und nachgeahmt, so dafs wir heute nicht weniger als fünfzehn bedeutende Kopien desselben, meistens von seinen umittelbaren Schülern herrührend, besitzen und aufserdem von Andreas Milano dreizehn Statuen nach dem Gemälde, welche 1529 beendigt und in der Kirche zu Sarona aufestellt wurden; später gab Rubens den ersten trefflichen Kupferstich davon, darauf Raphael Morghen. Ferner stammen aus dieser Periode noch eine Reihe von Gemälden, von denen leider viele verloren gegangen sind. Bei dem Dombau war Leonardo hervorragend beschäftigt; er modellirte die kleinen Aufsatzthürme und anderes. Für Beatrix baute er ein schönes Bad. Seinem Einflufs gelang es, die Spätgothik aus dem Baustil in Mailand zu verdrängen und römische und griechische Architektur dafür einzubürgern. In diese Zeit fällt ferner sein Versuch, Figuren in Holz zu stechen und zum Druck zu verwenden. Es sind uns mehrere Proben hiervon erhalten; ferner eine Methode des Selbstdrucks von Pflanzenblättern. 1494 reiste er nach Pavia ab zum Anatomen Marco Antonio della Torre und trieb hier in eingehendster Weise Anatomie, die er für höchst wichtig für die Malerei hielt. Kurze Zeit darauf überreichte er dem Herzog eine Schrift: „Was ist vorzüglicher, Malerei oder Skulptur?“, welche leider verloren gegangen ist, deren Inhalt jedoch in seinem Traktat über die Malerei gewifs wiedergegeben ist. Unter seinem Einflufs schrieb sein Intimus Lucca Paciola sein berühmtes Buch „de divina proportione“, zu welchem Leonardo die Figuren zeichnete und dessen Inhalt von allen Biographen für Leonardo's Geisteswerk gehalten wird. — Um 1497 beschäftigte den Leonardo die Schiffbarmachung des Kanals von Martesana, ein bedeutendes gigantisches Werk, welches in der Folge viel zum Reichthum der Stadt beitrug. Ebenso einflufsreich für die Fruchtbarkeit des Landes war die Kanalisation des Ticino, welche ein regelrechtes, bis jetzt erhaltenes

System der Berieselung der vordem spärlich angebauten Felder ermöglichte und für die Lombardei überhaupt ein Segen geworden ist, durch die Nachahmung dieses ersten Werkes. Diese Periode führte ihn zu dem intensiven Studium der Physik und Mathematik. — Bis 1497 hatte Leonardo einfach und sogar ärmlich gelebt; da schenkte ihm der Herzog, endlich erkenntlich, einen Weinberg. Interessant ist Leonardo's Aufzeichnung seiner Arbeiten im Jahre 1497. Unter einer Reihe von Gemälden, Zeichnungen, Portraits, finden wir Zeichnungen von Oefen, Geräthen für Schifffahrt, Maschinen der Hydraulik, anatomische Studien etc. Mit Recht sagt Ambroise Houssaye von diesem Lebensjahr:

„Belle et suprême période de sa vie. Une statue équestre, une fresque monumentale, les meilleurs chapitres du Traité de la peinture, un canal commencé, un fleuve ouvert à la navigation, sans qu'un seul jour le maître abandonnât son académie.“

Im Jahre 1499 trennte sich Leonardo von Mailand. Der Krieg hat jene langjährige Häuslichkeit und folgenreichen Idylle zerstört, die theilweise Leonardo selbst geschaffen, denn der Herzog war besiegt und gefangen in den Händen des Königs Ludwig XII. von Frankreich, wo er im Schlofs Loches 1510 starb. Mailand war erobert, und die Aeltesten der Stadt ersuchten Leonardo, zum Empfange Ludwig's XII. eine überraschende Scenerie zu erfinden. Er machte den Automaten-Löwen. Er zog sich dann auf seinen Landsitz Vaverolo zurück und lebte ganz wissenschaftlichen Studien. Allein seine Feinde konspirirten gegen ihn, seine Werke wurden bespottet, seine Schriften als die eines Häretikers bekrittelt, — genug der Undank seiner Mitbürger trieb ihn fort. Er wandte sich nach Florenz, begleitet von seinen Schülern und Freunden Paccioli und Salaï. Er fragte bei seinem Freunde Melzi vor, und diese Freundesfamilie überliefs ihm die Villa Vaprio zum Sitz. Freilich fand Leonardo die Lebensverhältnisse und mehr noch die Kunstverhältnisse in Florenz verändert, allein er wufste sich schnell hineinzufinden. Er fesselte die Freunde der Kunst und Musik an sich, und die nächsten Pinselstriche öffneten ihm die Häuser der Patrizier, aus denen er die schönen Portraits Ginevra de Benci und Mona Lisa del Giocundo herausgriff. (Man weifs, dafs Franz I. für letzteres Portrait 45,000 Frcs. (in seiner Zeit!) zahlte.) 1502 trat Leonardo als Ingenieur in den Dienst des Cesar Borgia, um als „Ingegnere Generale“ alle Befestigungswerke des Herzogs zu besichtigen, zu verbessern und neue zu errichten, ferner Kriegsmaschinen zu bauen. Die erste Zeit dieses Amtes verging mit Reisen, und später hielt sich Leonardo in Siena, Rimini, Cesena auf und entwarf eine Menge Zeichnungen für Maschinen des Friedens und des Krieges. In Siena traf ihn das Dekret der Florentiner, welches ihn beauftragte, die Wände der Signoria mit Gemälden zu bedecken. Mit ihm zugleich war Michel Angelo aufgefordert. Beide fertigten ihre Kartons, — beide Entwürfe, unter sich ungemein verschieden, waren Meisterwerke! Kein Urtheil ward gefällt.

Durch die Bitten des Georges Amboise von Mailand und die Aufforderung des Königs Ludwig XII. liefs sich Leonardo bewegen, nach Mailand zurückzukehren. Hier beschäftigte ihn der Martesanakanal und das kolossale Bassin St. Christophe von neuem und besonders auch die Ergänzung der Wassermassen, welche Behufs der Berieselung den Flüssen entnommen wurden, durch Quellenbohrung, wie sie heute noch, in der Ebene von Lodi-Giano besonders, existirt. Nochmals von der Florentinischen Signoria zur Ausführung seines Entwurfs zurückberufen, reklamirte ihn Ludwig XII. und ernannte ihn zum Maler des Königs von Frankreich. Von 1507—1511 dauerte eine schöne ruhige Periode seines Lebens in Mailand unter lieben Freunden und in einer ruhigen beschaulichen Lebensweise voll Streben und Arbeit. Da starb Georges Amboise, und nach dem Blutbade von Brescia schwang sich der Neffe des Moro, Maximilian Sforza, auf den Thron von Mailand. Allein diese neue Herrschaft dauerte nicht lange. Leonardo, überdrüssig der Unruhe, verliefs mit seinen Freunden Giovanni, Francesco Melzi, Salaï, Lorenzo und Fanfoja am 24. September 1514 Mailand und eilte nach Rom. Hier blühte ihm trotz der anfänglichen Freundlichkeit des Papstes Julius keine Zufriedenheit; — statt zu malen, beschäftigte er sich mit Luftschiffahrt und dem Fliegen.

Bald kamen Mifsstimmungen zwischen Michel Angelo und Leonardo zu Tage. Leo X. war allen Franzosenfreunden nicht gut gesinnt, und als solcher galt Leonardo, und so sah Leonardo es als das rathsamste an, nach Mailand zurückzukehren. Es kam die Schlacht von Marignan, die Freundschaft Franz' I. für Leonardo, die in Verehrung Ausdruck fand, und so folgte Leonardo der Einladung des Königs, zog nach Frankreich und langte 1517 in Amboise an, wo er mit seinen Freunden Melzi, Salaï und Villanis ruhig lebte, bedient von seiner alten Dienerin Mathurine und bestrebt, dem Lande zu nützen. Er reiste umher, fand bald manche natürliche Vortheile heraus, entwarf das Projekt des Kanals von Romorantin, von welchem alle Dessins aufbewahrt sind, und der den Zweck hatte, das Land zu berieseln und fruchtbar zu machen; er entwarf die Details dazu und konstruirte neue Schleusenthore; dort bereicherte er wohl auch seine Manuskripte mit seinen Erfahrungen und Ideen, obwohl einige Biographen behaupten, dafs er in Frankreich nichts mehr geschrieben habe und nichts mehr gemalt habe. — Der Tod nahm 1519 am 2. Mai diesen grofsen Maler und Menschen Leonardo da Vinci von der Erde fort. Leonardo ward in der Kirche St. Florentin in Amboise begraben. Sein Grabmal, längere Zeit verschollen, ward 1863 wieder aufgefunden, und Napoleon III. setzte dem grofsen Manne ein Denkmal. 1871 hat man auch in Mailand dem Leonardo ein würdiges Denkmal gesetzt.

III.

Wir haben vorstehend nicht ein Register der Werke des Leonardo gegeben, wie es uns überhaupt nur daran lag, die wichtigen Lebensumstände des grofsen Mannes zu skizziren. Der Karakter des Leonardo ist öfter verschieden beurtheilt. Es hat ihm ein Theil seiner Zeitgenossen die Schmeichelei gegen Fürsten vorgeworfen. Allein mit dieser

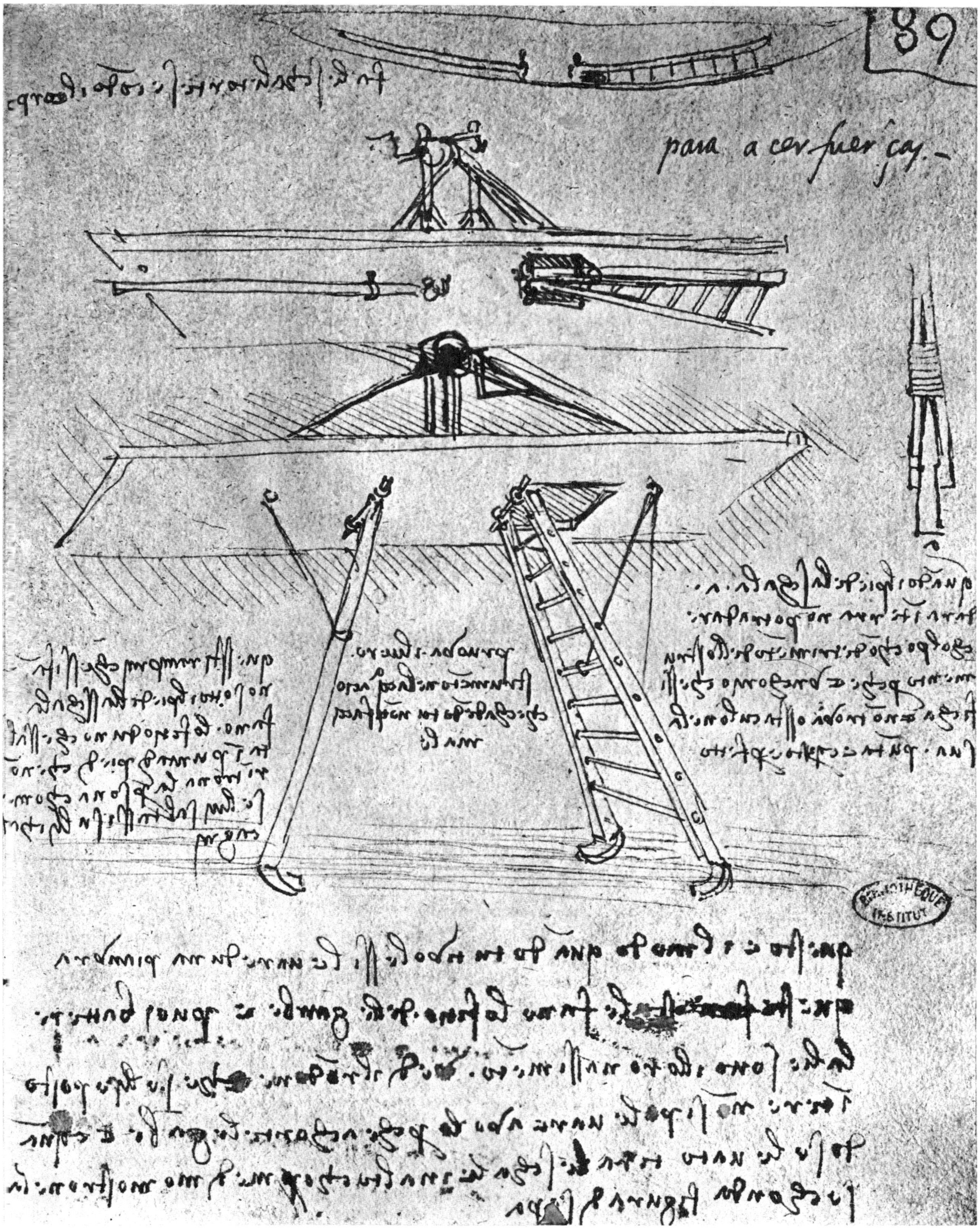

Flugzeug mit Leitern zum Landen

Behauptung stimmt doch die allgemeine Schilderung seines Wesens nicht, und aus allen seinen Werken athmet uns ein ganz anderer Geist entgegen als der eines um Fürstengunst Buhlenden. Leonardo hatte ein offenes Auge für die Schönheiten der Natur und Kunst; sein ganzer Geist war überaus harmonisch angelegt und von einer Herzensgüte und einem Wohlwollen gegen die Menschheit erfüllt, wie es selten vereint getroffen wird mit soviel Talent und Vielseitigkeit. Seine Kenntnisse und seine Ideen verwandte er zum Besten der Menschen, und sein Haus und Rath stand Jedermann offen. Leuchtet uns schon aus der grandiosen Arbeit des Tessinkanals ein für das Wohl seiner Vaterlandsgenossen bedachter Geist entgegen, — so gibt sich derselbe noch mehr kund in der grofsen Wirksamkeit zu Mailand.

Leonardo wirkte hier in Mailand nach allen Richtungen hin. Als Musiker, als Maler und als Skulpteur diente er den Künsten, als Architekt verdrängte er die Verirrungen der Spätgothik durch die Wiederbelebung der griechischen und römischen Bauformen, als Ingenieur führte er das Addawasser in einem Kanal nach Mailand, zog den 200 Miglien langen Kanal durch das Veltlin und entwarf eine grofse Reihe Werkzeuge, Geräthe und Maschinenapparate, — als Denker, Philosoph und Freund der induktiven Wissenschaften verfafste er nicht sowohl eine Reihe von werthvollen Schriften aus den Gebieten der Mechanik und Physik und Mathematik, — sondern näherte sich der freieren Denkungsweise, so dafs er fast als Häretiker betrachtet ward, und fand er die Unhaltbarkeit der papistischen Lehre von der Unbeweglichkeit der Erde, — ein gewaltiger Denker, der an Gründlichkeit und Vielseitigkeit des Wissens einer der ersten Männer der aufwachsenden grofsen Periode der Wissenschaften in Italien genannt werden mufs. An Bedeutung unter den Malern der erste, der Gestaltungskraft und Formenstrenge und Naturwahrheit anstrebt und erreicht, der Gesetze für die Form der Malerei aufstellt und so für seine und die folgende Zeit der Regenerator der Kunst wird, — schafft er die trefflichsten Kunstwerke selbst, die nur ein Raphael, ein Michel Angelo später vielleicht übertroffen hat. Er formt mit kühner Hand das Reiterdenkmal Franz Sforza's, das an Gröfse und Schönheit alles, was die vorangehende Periode gebracht, klein, elend erscheinen liefs. — Und dabei finden wir in Leonardo einen Mann von einer Körperstärke, dafs er ein Hufeisen mit den Händen zerbrechen konnte, — und von einer Bescheidenheit und Scheuheit des Geistes, von einer Unzufriedenheit mit sich selbst, dafs wir ihn stets zurücktreten sehen, wo andere sich breit machten, dafs er sich fürchtete, Lob über seine unsterblichen Bilder zu hören, weil er der Welteitelkeit zu verfallen glaubte, dafs er, ehe er ein Werk von Bedeutung begann, erst die umfassendsten Vorstudien machte und dabei sich in den Geist der Wissenschaften tief versenkte, bis er sich stark genug glaubte, gleichsam den Kampf mit seiner Aufgabe aufzunehmen. Und hatte er sie nun gelöst, so befriedigte ihn doch die Lösung nie, da er fühlte, dafs er nun doch noch im Stande sei, sie noch vollkommener zu bewirken. Dabei erschreckte ihn das Glockengeläute, der

Mönchsgesang und Kindsgeschrei; bei Gewittern flüchtete er fast kindisch unter die Decke des Bettes, — nur das Plätschern des Regens heimelte ihn an, und behaglich schaute er dem Tropfenfall zu.

Leonardo hinterliefs ein Testament, demzufolge Francesco da Melzo als Belohnung für seine Freundschaft sämmtliche nachgelassene Schriften des Leonardo und seine Handzeichnungen erhielt. (Item il prefato testatore dona et concede ad messer Francesco da Melzo, gentilomo da Milano, per remuneratione de servitii ad epso grati a lui facti per il passato tutti, et chiaschaduno di libri, che il dicto testatore ha de presente et altri instrumenti et portracti circa larte sua et industria de pictori.) An diese Schriften knüpft sich unser spezielles Interesse für Leonado hier an, denn sie sind die Aufzeichnungen und Schriften des Ingenieurs, Architekten, Physikers, Mathematikers, Mechanikers und Anatomen Leonardo da Vinci, welche, wenn sie zu seiner Zeit gedruckt und publizirt worden wären, sicherlich einen gewaltigen Einflufs auf die Gesammtfortschritte aller Gebiete des Wissens gehabt haben würden, — deren Studium für jeden Biographen des Mannes unerläfslich ist, — und die endlich dazu angethan sind, das Dunkel zu lichten, welches über der Geschichte der induktiven Wissenschaften sowie der Praxis der Industrien seiner Zeit bisher geschwebt hat.

Wie kam es aber, dafs diese bedeutenden Werke eines so berühmten Mannes unbekannt bleiben konnten? — Francesco da Melzo nahm die Manuskripte Leonardo's mit sich und bewachte sie sorgsam bis an seinen Tod. Mazenta (gestorben 1635) hat uns eine Geschichte der Manuskripte aufgeschrieben. Er war für dieselben interessirt, weil er beim Festungsbau Leonardo's Gesetzen folgte, ebenso bei seinen Studien über die Schiffbarmachung der Adda. Mazenta kam durch Zufall in Besitz von dreizehn Volumen der Schriften Leonardo's. Dieselben waren von einem gewissen Lelio Gavardi d'Asola aus der Villa Vavero, welche Francesco Melzi sammt dem Manuskript geerbt hatte, mit Erlaubnifs der nachgebliebenen Söhne Melzi's nach Florenz gebracht, mit der Absicht, dieselben dem Grofsherzog Franz, Liebhaber solcher Handschriften, zu Kauf anzubieten. Im Moment, wo Gavardi in Florenz ankam, starb der Grofsherzog 1587. Gavardi ging nun nach Pisa zu Manucio, einem grofsen Liebhaber von Büchern. Allein dieser Mann scheint sich nicht besonders anständig gegen Gavardi benommen zu haben, so dafs dieser es vorzog, die dreizehn Volumen dem J. A. Mazenta nach Mailand mitzugeben, mit der Bitte, diese Bände der Familie Melzi zurückzubringen. Mazenta entledigte sich dieses Auftrags, allein der Aelteste der Melzi, Dr. Horatius Melzi, schenkte die dreizehn Bände dem Mazenta, indem er ihm mittheilte, dafs auf dem Landhause noch eine Menge solcher Schriften herumlägen. Da Mazenta über die Liberalität des Horaz Melzi nicht schwieg, fanden sich bald viele Amateurs bei demselben ein und wählten aus den Hsndschriften Einzelnes aus. Besonders unverschämt war bei dieser Gelegenheit Pompejus Aretin (Sohn des Kardinals Leoni), ein Bronzegiefser und Künstler an Philipp's II. Hof im Escurial. Derselbe wollte dem König schmeicheln oder selbst ein gutes Geschäft machen und bat den Melzi überdem, dafs er die dreizehn Volumen zu diesem Zwecke wieder herbeischaffe. Melzi nun, sehr überrascht und einen hohen Werth in dem Verschenkten ahnend, bat kniefällig den Bruder des Mazenta um Herausgabe der Volumen. Dieser gab sieben zurück, während die Familie Mazenta später, 1603, von den anderen ein Volumen dem Kardinal Borroméo für die Ambrosianische Bibliothek schenkte, ein Volumen an Ambroise Figini, einen berühmten Maler seiner Zeit, von dem es Hercules Bianchi erbte. Ein drittes Volumen gab Mazenta auf vieles Drängen an den Herzog von Savoyen ab, und als der Bruder des Mazenta 1617 starb, wufste Aretin die übrigen drei Volumen in seinen Besitz zu bringen. Aretin formte aus einer Reihe von Bänden ein grofses Volumen von 392 Blättern in Folio, und als er starb, kam dasselbe in die Hände Polydor Calchi's, der es verkaufte an Galeazzi Arconati. Arconati bewachte diesen Band in seiner Bibliothek und wies alle Gebote zurück. Howard Graf von Arundel bot dafür im Namen des englischen Königs 60,000 Frcs. Allein Arconati hielt diesen Schatz fest und wufste auch die durch Aretin in Leoni's Besitz gelangten zu bekommen. Um 1637 schenkte Arconati die ganze Kollektion an die Ambrosianische Bibliothek. 1674 endlich lieferte Horace Archinto noch ein Volumen ein, und die Familie Trivulcio schenkte ein in ihrem Besitz befindliches Manuskript, eine Vocabulaire, derselben Bibliothek. — Eine Anzahl Leonardo'scher Schriften wurde durch Thomas Graf von Arundel 1610 bereits acquirirt und dem British Museum einverleibt. Die anatomischen Studien sind ebenfalls nach London gewandert, und zwar stammen diese und andere Blätter wohl von dem Codex des Bianchi her, der sie an einen gewissen Engländer Smith verkaufte. — Eine Reihe Schriften des Leonardo war im Landhause Vaprio bei Florenz verblieben, im Besitz der Melzi. Dieselben sind später an das Florentiner Museum gekommen. Endlich befinden sich etliche Blätter in Venedig.

Die auf diese Weise entstandene Hauptsammlung in der Ambrosiana hatte leider das Schicksal, 1796 von den Franzosen geraubt und nach Paris transportirt zu werden, mit Ausnahme des grofsen Volumens, welches Aretin kompilirt hat, des berühmten Codex Atlanticus.

Trotzdem beim Friedensschlufs 1814 die Rückgabe der Leonardo'schen Manuskripte an die Ambrosiana statuirt war, erfüllten die Franzosen diese Ehrenpflicht doch nicht, unter dem Vorwande, diese vierzehn Codices seien nicht mehr aufzufinden. Kurze Zeit darauf aber wurden sie der Bibliothek des Instituts einverleibt.

Die Perle der nachgelassenen Manuskriptsammlungen ist der Codex Atlanticus, — abgesehen von den Handzeichnungen und Karrikaturen. Der Codex Atlanticus allein würde hinreichen, um an seinem Inhalt die eminenten Kenntnisse des Leonardo zu erweisen.

Schon in obiger Nachweisung über den Verbleib der Manuskripte des Leonardo liegt der Grund offenbar, dafs der Inhalt derselben seiner Zeit nicht zu Gute kommen konnte. Zuerst aus Pietät ängstlich bewahrt, sodann aus Unkenntnifs vernachlässigt und zersplittert, von dem einen aus Geldgier, von dem andern aus Liebhaberei festgehalten, bot sich keine Gelegenheit dar zum Bekanntwerden, und als man endlich alles beinahe beisammen hatte und daran dachte, durch den Druck diese Schätze bekannt zu machen, da wurde die Kollektion wieder zersplittert. Die Spuren von Verbreitung der Leonardoschen Lehren sind äusserst spärlich. Benvenuto Cellini*) erzählt uns von einer Kopie, welche ihm von einer Leonardo'schen Schrift durch einen ganz armen Mann angeboten ward 1542, — vermuthlich eine Kopie der zu Vaprio aufbewahrten Handschriften, die über Skulptur, Malerei und Architektur handelten. Ferner hatte Pinelli von Neapel Kopien von Leonardo's Schriften über die Malerei entnommen und benutzte dieselben mit anderen Studien zur Herstellung seines Codex Pinellianus, der nach seinem Tode (1601) in Paris durch Dufresne 1651 veröffentlicht wurde. Eine ähnliche Ausgabe erschien von Steffano Della-Bella (1610—1664) in Florenz 1792. Der Trattato della Pittura ist frühzeitig und sicherlich von allen seinen Schülern bereits kopirt worden und 1651 zuerst gedruckt. Die Ambrosiana besitzt hiervon eine Kopie durch Mazena's Vermittelung. Sie besitzt ferner noch Kopien von diversen Abhandlungen, die theilweise in den Pariser Codices enthalten sind, so von der berühmten Schrift des Leonardo: Sul moto e misura dell' acqua, welche später 1828 in Bologna gedruckt ward, im übrigen aber sehr bekannt war. In diesem kopirten Codex sind noch viele andere Sachen enthalten, besonders auch die Dessins für den Kanal Martesana. Ein dritter Band enhält Kopien von Trattato d' ombre e lumi, Trattato della Pittura u. s. w. In der Periode von 1625—1645 wurden von den im Besitz des Arconati befindlichen Schriften Kopien für die Bibliothek des Kardinals Barberini angefertigt. Ebenso nimmt man an, dafs ein Theil der in England befindlichen Manuskripte nur Kopien sind. — Uebrigens geht aus dem allgemeinen Stillschweigen der sämmtlichen Schriftsteller über naturwissenschaftliche Gebiete aus dem 16. und 17. Jahrhundert genugsam hervor, dafs im Grofsen und Ganzen Leonardo's Schriften unbekannt blieben! Dagegen, und dies werden wir im Verlauf der speziellen Besprechung seiner Schriften zeigen, ist einzelnes bekannt geworden, und wie oben bereits angeführt worden, dafs Galilei's Art der Betrachtung mit der des Leonardo frappante Aehnlichkeit habe, so auch finden wir z. B. einige Leonardo'sche Gesetze und Beispiele zur Theorie der Wellenbewegung bis auf den heutigen Tag in den physikalischen Lehrbüchern wiederkehren. Es ist natürlich unfruchtbar, derartige absolute Beweise und Nachweise führen zu wollen; wir können nur bedauern, dafs die Schriften nicht früher zur Kenntnifs gelangt sind.

Die spätere Literatur weist auch nicht allzuviel von Leonardo auf. Da schon

*) Cellini Discorso sull' architectura publ. dal Morelli (Naniana).

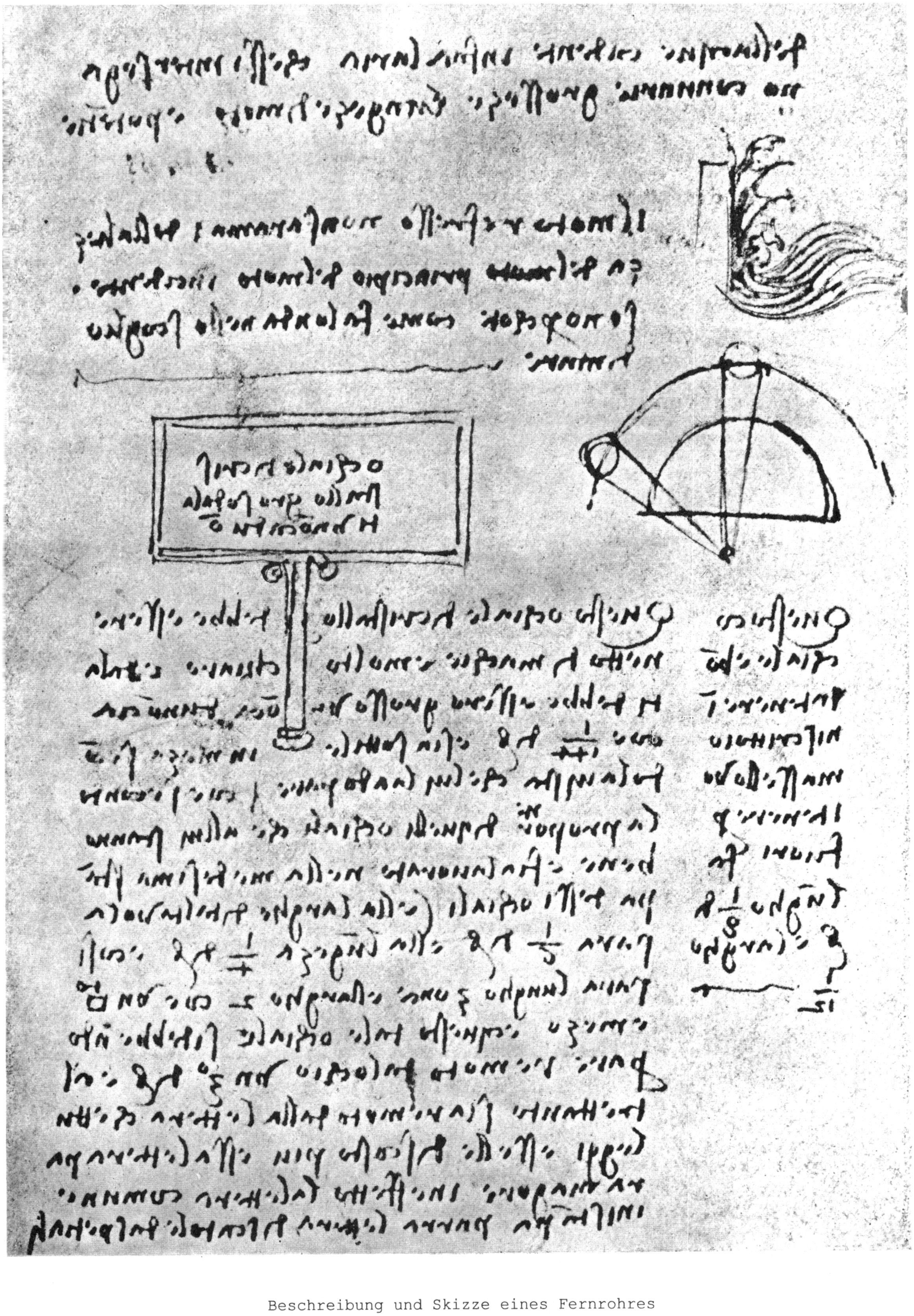

Beschreibung und Skizze eines Fernrohres

Vasari (Vite dei Pittori, Scultori ecc.) von den nachgelassenen Schriften des Leonardo für Mechanik, Physik, Maschinen etc. spricht (1568), so müfste dadurch allerdings wohl die Aufmerksamkeit im Laufe der Jahrhunderte darauf gezogen worden sein. Und dennoch ist dieselbe sehr gering gewesen. So wesentliche Bewundeıung Leonardo als Maler und Sculpteur beständig gefunden hat, so wenig wurde Acht gegeben auf seine übrigen Leistungen. Studirt hat man seine Manuskripte allerdings öfter, aber nur wenige haben den innern Werth derselben hervorgehoben, den geschichtlichen Werth. Die meisten hatten sich begnügt mit der Durchsicht und waren dann befriedigt fortgegangen. Während Leonardo als Maler eine Reihe Biographen gefunden hat, wie Vasari, Amoretti, Ranalli, Campori, Piles, Rio, Lomazzo, Manzi, Libri, Calvi, Brown, Marquis d'Adda, Delécluze, Marx, Houssaye, Gallenberg, Bossi, Blanc, Braun, Clément, und in vielen Kunstschriften seine Gemälde und Kunstwerke beurtheilt werden (auch Goethe referirt darüber), während seine Familienverhältnisse gründlich untersucht worden sind durch Uzielli, Calvi und Dozio, ist für die Fülle der übrigen Leistungen wenig geschehen, so dafs dieselben noch heute im allgemeinen als unbekannt betrachtet werden können. Die Begründung dafür haben wir bereits auf mehrfache Weise dargethan. Was bisher über die wissenschaftliche Bedeutung Leonardo's klargelegt ist, wollen wir folgen lassen, nicht ohne den bestimmten Vermerk, dafs alle diese Arbeiten Stückwerk sind und nur einen geringen Theil der Arbeiten und Leistungen Leonardo's umfassen, ja oft nur ein einziges Objekt.

Gerli Milanese, Disegni di Leonardo da Vinci incisi e publicati da —. 1784. Hiernach die englische Ausgabe von J. Chamberlain, London 1797.

Venturi, Essai sur les ouvrages Physico-Mathématiques de Leonard da Vinci etc. Paris 1797.

Auch Amoretti, Memorie etc. enthält über die wissenschaftliche Seite Leonardo's schätzenswerthe Beiträge.

Rippetti, Dizionario geogr. fisico-storico della Toscana. Vol. V., p. 789.

Govi, Leonardo scienziato, filosofo, politico et moraliste.

Trattato del moto e misura dell' acqua di Leonardo da Vinci. 1828. Bologna.

Lombardini, dell' origine e del progresso della scienza idraulica nel Milanese et in altri parti d'Italia.

Libri, Hist. scien. matem. III.

Marx, Ueber M. A. della Torre und Leonardo da Vinci, die Begründer der bildlichen Anatomie. Göttingen, 1849.

Grothe, Allg. deutsche polytechn. Zeitung 1873, pag. 2. 25. 41. 53. 78. 89. 130. 141. 153. 169. 249. — 1874. pag. 87. Ueber Leonardo's Bedeutung für die Geschichte der induktiven Wissenschaften, mit 36 Abd.

Saggio delle opere di Leonardo da Vinci. Mailand 1872 (ausgegeben Februar 1873), mit 24 Tafeln aus dem Codex Atlanticus. So trefflich diese Ausgabe an sich ist, so enthält sie doch nur wenige der werthvolleren Zeichnungen des Leonardo. Ebenso ist zu bedauern, dafs man von der Ausgabe nur 300 Exemplare gedruckt hat, so dafs schon jetzt kein Exemplar mehr aufzutreiben ist und ein hoher Preis für den Ankauf gezahlt wird. Jedenfalls zeigt diese Ausgabe sich nicht auf richtigem Wege, sowohl Leonardo's Bedeutung für die Geschichte und die Wissenschaft klar zu legen (trotz der an sich trefflichen Einleitung) und dieselbe populärer zu machen. — Von den vorherbenannten Schriften tritt die von Venturi als diejenige auf, welche für Leonardo als Physiker und Mathematiker Propaganda machte.

Bis 1797 war also den naturwissenschaftlichen Kreisen der Name Leonardo da Vinci fast fremd. Da erschien die Schrift von Venturi: Essai sur les ouvrages physico-mathématiques de L. de V. in Paris und verbreitete zuerst die verlorne Kunde von Schriften des Leonardo, die in das Bereich der induktiven Wissenschaften gehören. Dieselben waren 1796 von den Franzosen nach Eroberung Mailands nach Paris zum Theil übergeführt, während sie zuvor in der Ambrosianischen Bibliothek zu Mailand wohlgeborgen und der Einsicht des Publikums wenig zugänglich geruht hatten. Venturi hatte diese reichen Manuskripte gesehen und durchstudirt trotz der Schwierigkeit, welche die Schreibweise Leonardo da Vinci's von rechts nach links mit sich brachte, — und hatte gefunden, dafs die Bedeutung dieser Schriften grofs sei und Leonardo mit Recht in die Reihe der Beförderer des Wiederauflebens der induktiven Wissenschaften hervorragend eintrete und als ein Vorgänger Galilei's zu betrachten sei. Dafs die Schrift Aufsehen machte, bezeugt Whewell, indem er dieselbe sofort zur Ergänzung des betreffenden Abschnittes seiner Geschichte der induktiven Wissenschaften benutzte. Schon vorher 1757 hatte Ximenes einen Brief des Leonardo an Christoph Columbus vom Jahre 1473 entdeckt „über die Wahrscheinlichkeit des Erreichens des Orient-Indiens auf dem intendirten Wege", und in London ward von Richard Henry eine Karte von Amerika gefunden mit Leonardo's Unterschrift, — die erste Karte Amerika's. Major Richard Henry: Memoir on a Mappemonde by Leonardo da Vinci, being the earliest map hitherto known containing the name of Amerika. Archaeologia Vol. XI. London. — 1828 ward endlich die zusammenhängende Schrift Leonardo's: Del moto e misura dell' Aqua di Leonardo da Vinci in Bologna herausgegeben, während später Elia Lombardini in seinen Osservazioni storico-critiche sopra dell' origini e del progresso della Scienza idraulica nel Milanese ed in altre parte d'Italia gerade hervorhob, dafs Leonardo da Vinci der Urheber einer systematischen Hydraulik gewesen sei.

Libri, in seiner Geschichte der mathematischen Wissenschaft, nimmt bereits eingehender Rücksicht auf Leonardo und zitirt unter anderen auch Chasles, der in seiner Geschichte der Geometrie an das Ovalwerk des Leonardo nach Mittheilung seines Schülers anknüpft, wenn er auch dabei mit seinen Betrachtungen in der Irre geht, wie

Reuleaux*) gezeigt hat. Hier und da tauchen einzelne Betrachtungen des Leonardo auf, abgesehen von dem trefflichen Werke über die Anatomie des Leonardo von Marx. Michel Alcan gab in seinem Traité du travail de laine irrthümlich eine Zeichnung einer Leonardo'schen Longitudinalscheermaschine für Tuche**), die in der That eine Maschine zum Ziehen und Härten der Metallfedern war. Dies war die Veranlassung, dafs der Verfasser dieser Abhandlung mit seinen bereits aus Liebhaberei an der Geschichte der Technologie, welche er seit 1869 an der Königl. Gewerbe-Akademie vortrug, gesammelten Notizen über Leonardo hervortrat und zunächst den Irrthum des Alcan nachwies unter Beibringung der Kopien der Leonardo'schen Skizzen. Karmarsch nannte diese Skizze in seiner Geschichte der Technologie „naiv", und um einmal die Bedeutung des Leonardo für die Technologie darzulegen, veröffentlichte der Verfasser dieses eine Reihe Arbeiten über Leonardo unter Beibringung der Handzeichnungen in Kopien seit Medio Dezember 1872.***) Im Frühjahr 1873 erschien dann die Ausgabe Il Saggio etc. mit 24 photographirten Tafeln und kurz darauf die treffliche Abhandlung von Alessandro Cialdi, Leonardo da Vinci, fondatore della dottrina sul moto ondoso del Mare.****)

Alles dies regte den Verfasser an, nunmehr noch eingehender die Studien über Leonardo fortzusetzen und zumal nach Kenntnifsnahme des bereits Veröffentlichten, dahin zu streben, die Lücken auszufüllen. Bei allen diesen Studien und in dieser Wiedergabe ihrer Resultate ist als erster Gesichtspunkt festgehalten: „Leonardo's nachgelassene Schriften gleichsam als eine Geschichtsquelle zu betrachten und aus ihr Daten festzustellen für die geistige und materielle Entwicklung seiner Zeit in Wissenschaft und Technik, um jene oben näher bezeichnete bisher dunkel gebliebene Geschichte seiner Zeit so weit als möglich zu erhellen." Daneben stellt sich unzweifelhaft heraus, welche Bedeutung Leonardo selbst als Mathematiker, Mechaniker, Physiker, praktischer Ingenieur und Erfinder resp. Konstrukteur hat, wie weit sein Genie seinen Zeitgenossen voraneilte.

IV.

Wir hatten bereits im I. Abschnitt dieser Abhandlung dargelegt, wie die philosophische Betrachtungsweise des Aristoteles überall im Mittelalter die herrschende war. Wir werden in fernerer Darstellung noch speziell diesen Einflufs kennzeichnen müssen. Leonardo zeigt sich in seiner Art und Weise der Beobachtung nicht von der aristotelischen Methode befangen. Klar und deutlich, unseren jetzigen Anschauungen ungemein nahe verwandt, gibt er die Prinzipien an, nach denen er die Naturbetrachtung, die Forschung vornimmt.

*) Verhandlungen des Vereins für Gewerbfleifs in Preufsen.
**) Zeitschrift des Vereins der Wollinteressenten 1870.
***) Allg. deutsche polyt. Zeitung von Dr. H. Grothe 1873.
****) Jl Politechnico. Mailand 1873. Nr. 3.

Die Art und Weise des Behandelns naturwissenschaftlicher und technischer Fragen seitens des Leonardo finden wir in seinen Schriften selbst präzisirt, wo er sagt: „Zuerst stelle ich bei der Behandlung naturwissenschaftlicher Probleme einige Experimente an, weil meine Absicht ist, die Aufgabe nach der Erfahrung zu stellen und dann zu beweisen, weshalb die Körper gezwungen sind, in der gezeigten Manier zu agiren. Das ist die Methode, welche man beobachten mufs bei allen Untersuchungen über die Phänomene der Natur. Es ist wahr, dafs die Natur gleichsam mit dem Raisonnement beginnt und durch die Erfahrung endigt, aber gleichviel, wir müssen den entgegengesetzten Weg nehmen; wie ich schon sagte, wir müssen mit der Erfahrung beginnen und mit ihren Mitteln nach der Entdeckung der Wahrheit trachten." — Ist das nicht die gleiche Idee, die Franz Baco in seiner Vorrede zur Instauratio magna auseinandersetzte und in der Einleitung seines Werkes, zum zweiten Theile, des Breiteren besprach, und die er in seinem Novum organum wiederholt als selbstbefolgt darlegte? Ein anderer Wahlspruch des Leonardo besagt: „Die Theorie ist der Feldherr, die Praxis sind die Soldaten," und wieder am andern Orte spricht er aus: „Der Interpret der Wunderwerke der Natur ist die Erfahrung. Sie täuscht niemals; es ist unsere Auffassung, welche zuweilen sich selbst täuscht, weil sie Effekte erwartet, die die Natur nicht gibt. Wir müssen die Erfahrung konsultiren in der Verschiedenheit der Fälle und Umstände, bis wir daraus eine General-Regel ziehen können, die darin enthalten. Und wozu sind diese Regeln gut? Sie führen uns zu weiteren Untersuchungen der Natur und zu Schöpfungen der Kunst. Sie verhindern, dafs wir uns selbst verlieren oder andere, wenn wir Resultate uns versprechen, die nicht zu erhalten sind." Ferner sagt er: „Es gibt keine Gewifsheit in den Wissenschaften, wo man nicht einige Theile der Mathematik anwenden könnte, oder die nicht davon in gewisser Beziehung abhinge. — In dem Studium der Wissenschaften, welche mit der Mathematik zusammenhängen, sind diejenigen, welche die Natur nicht konsultiren, oder die Autoren, welche nicht Kinder der Natur sind, ich sage es laut, nur kleine Kinder. Die Natur allein ist wirklich der Lehrer des wahren Genies. Und sehet die Sottise! Man spottet über einen Menschen, welcher lieber von der Natur lernen will, als von Autoren, welche doch nur die Schüler derselben sind." Und Vol. E. fol. 8 seiner Manuskripte schreibt Leonardo da Vinci:

> „La meccanica è il paradiso delle scienze matematiche perché con quella si viene al frutto delle scienza matematiche."

Alle diese Aussprüche geben uns die Erklärung für die unermüdliche Methode und Arbeit des Leonardo auf wissenschaftlichem Gebiete, auf dem Gesammtgebiet der Naturwissenschaften.

Wir übergehen hier die trefflichen Sentenzen, die Leonardo als Philosoph vorbringt über die menschlichen Leidenschaften, über den Glauben und die Religion, über den Tod, über Selbstbeherrschung u. s. w. In allen weht ein tief gefühlvoller Geist,

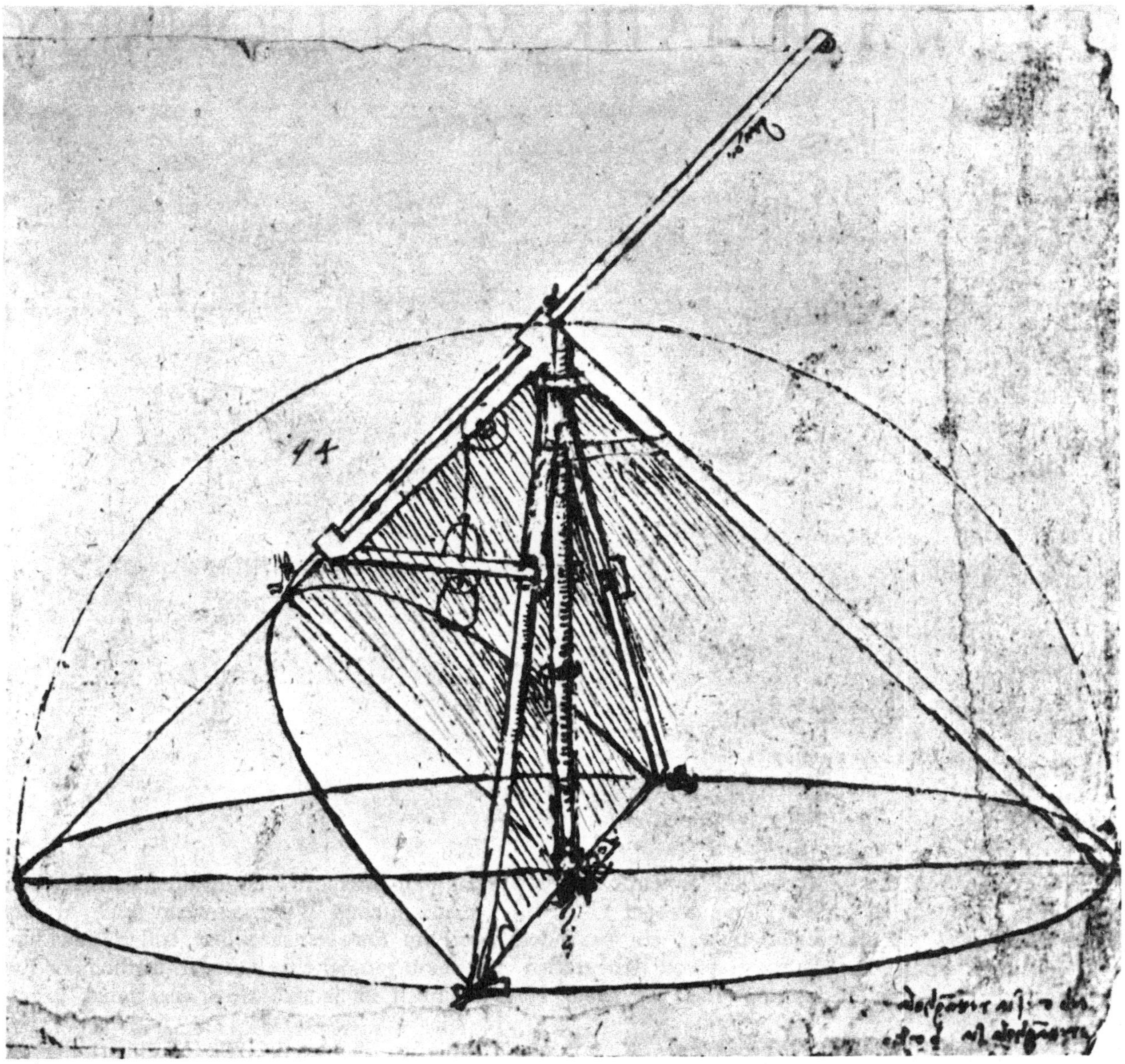

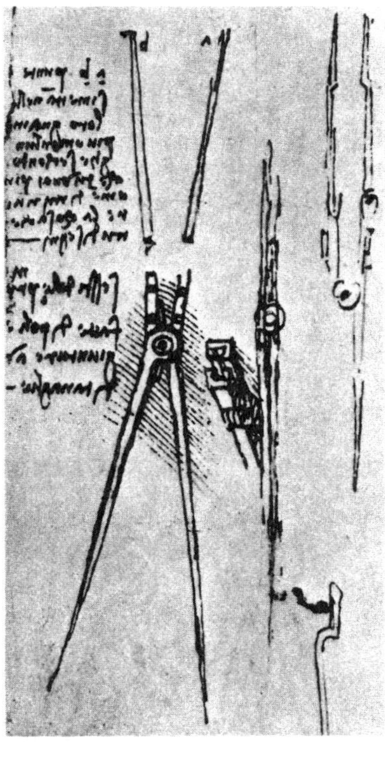

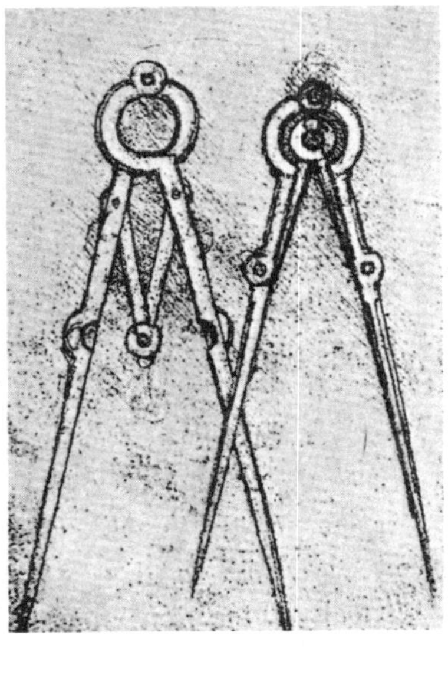

Oben: Parabelzirkel
Unten: Meßinstrumente, Zirkel

eine Einfachheit und Klarheit der Anschauung, eine Ergebenheit in das Geschick, wie es auch zugetheilt sei. Wir übergehen ferner seine poetischen Ergüsse, seine Sprach- und grammatikalischen Studien, seine Schriften über die Malerei, und wenden uns der näheren Betrachtung der Leistungen zu, die gleichsam Ausflüsse oder Resultate obiger philosophischer Methoden sind.

V.

Die mathematischen Kenntnisse Leonardo's sind von seinen Zeitgenossen und Späteren hoch angeschlagen worden. Wenn Leonardo selbst auch vielleicht keine neuen mathematischen Gesetze gefunden hat, so ist vor allen Dingen das anzuerkennen, dafs er bei den Konstruktionen von Maschinen, dem Suchen nach Mechanismen u. s. w. stets die Mathematik anwendete und sie, wie er sagt, als den wahren Schlüssel zur Forschung benutzt. Libri schreibt ihm die Erfindung des + und — Zeichens zu In der That bedient er sich dieser Zeichen durchweg, — allein es steht damit nicht fest, dafs dieselben nicht arabischen Ursprungs gewesen seien. Jedenfalls ist Leonardo einer der ersten in Italien, welcher dieser Zeichen sich bediente. Er beschäftigte sich in den Manuskripten sehr viel mit der Geometrie, selbst auf Blättern, die eine mathematische Arbeit nicht für nöthig erkennen lassen, erscheinen in den Ecken oder auch mitten darauf mathematische Figuren. Die Quadratur des Kreises sucht er, — aber vergebens, und spricht sich über die Unmöglichkeit, sie zu finden, endlich aus, da man nicht im Stande sei, auch nur ein Stück davon absolut genau zu berechnen. — Leonardo konstruirte einen Proportionalzirkel mit beweglichem Zentrum, welcher auch für irrationelle Proportionen gebraucht werden kann. In gleicher Weise konnte er hiermit ein Oval für eine gegebene Proportion zeichnen, wenn ein Kreis gegeben. Libri fügt hinzu, dafs gleiche Proportionszirkel später von Tartaglia, Benedetti und Ferrari erfunden seien. Lomazzo erzählt, dafs Leonardo's Ovalrad, ein wunderbares Werk, von einem Schüler des Melzi zu Denis gebracht sei, welcher letztere dasselbe mit vielem Geschick gebrauche. Libri berichtet ferner, dafs Leonardo die Oberflächenebenen als die Grenzen der Körper angesehen, die Linien aber als Grenzen der Ebenen, und dafs er die doppelten Kurvenlinien der einfachen Kurven bestimmt habe. Endlich ermittelte Leonardo den Schwerpunkt der Pyramide (was früher dem Commandin oder Maurolycus zugeschrieben wurde), und zwar so, dafs er ihn auf den Viertelpunkt der Graden verlegt, welche die Spitze der Pyramide mit dem Schwerpunkt der Grundfläche verbindet. Leonardo gibt dazu eine Figur und eine Note, welche zeigt, dafs er die Pyramiden in Ebenen parallel zur Basis zerlegte, wie wir es heute thun.

Bedeutendes Gewicht legt Leonardo auf die Perspektive. Er nennt sie den Zaum und das Steuerruder der Malerei, und theilt sie in drei Theile: 1) Verkürzung oder Verkleinerung nach Linien und Winkeln, welche die Gröfse der Körper in verschiedenen Entfernungen mit dem Gesichtspunkt bilden, der im Umfange des Bildes und in gleicher Höhe mit dem Beschauer liegen mufs. — 2) Da zwischen das Auge des Beschauers und das Bild eine gröfsere Menge Luft tritt, die den Körpern ihre Farbe auch mittheilt, so müssen die Farben geschwächt werden. — 3) Die Umrisse müssen geschwächt werden und gegen die Luft auslaufen. Leonardo ermahnt, bei Gebäuden die Geometrie zu gebrauchen, um richtige Verhältnisse in das Gemälde zu bringen und die Wirklichkeit und Wahrheit im Gemälde zu vergröfsern. Welchen Antheil Leonardo an dem liber de divina proportione des Pacioli gehabt, ist bereits erwähnt. Ebenso wird derselbe angenommen bei Pacioli liber de viribus quantitatis. Die Manuskripte enthalten viele Zeichnungen und Beispiele für seine Gesetze der Perspektive. Libri erwähnt noch eines vorhandenen Blattes mit der Aufschrift libro d'equazione, welches sich allerdings im Codex Atlanticus befindet; allein weiteres ist nicht zu entdecken.

VI.

Wir finden, dafs Leonardo für die Mechanik sehr viel geleistet hat, und dafs er selbst die höchste Lust an dieser Wissenschaft empfunden haben mufs, als er die Mechanik das Paradies der mathematischen Wissenschaft nannte. Er besafs allerdings im hohen Grade die Eigenschaften und Kenntnisse, welche dem wahren Mechaniker eigen sein müssen, nämlich ausgedehnte mathematische Kenntnisse, Liebe und Verständnifs für die Natur und Naturerscheinungen und eine scharfe Beobachtungsgabe, neben rastlosem Denkervermögen, das nicht ruhete, bevor nicht das Beobachtete durchforscht war und klar vor ihm lag. Ferner prüfte er an heterogenen Fällen das gefundene Gesetz und legte sich selbst Fälle und Fragen vor, für eine Beweisführung des als zutreffend Erkannten. In dieser tiefrichtigen Weise stellt er seine Kalkulationen an, und ermittelt Kraft, Bewegung, Fall, Gewicht, Schwerkraft, Wellenbewegung u. s. f. In dieser Betrachtungsweise und zumal in seiner freien, von keiner hergebrachten Methode gefesselten Beobachtung, in seinen eigenen Versuchen und Erfahrungen liegen die Erklärungen für die überaus abweichende Stellung, die Leonardo's Mechanik einnimmt gegenüber der Mechanik seiner Zeit. Um dies in das richtige Licht zu stellen, müssen wir auf die Geschichte der induktiven Wissenschaften, speziell die Geschichte der Mechanik zurückgehen und den (bisher als geltend angenommenen) Standpunkt seiner Zeitgenossen kennzeichnen.

Wir haben oben bereits gesagt, dafs Archimedes die Hebelgesetze feststellte und in klarer Weise begründete; gleichzeitig mufsten wir bekennen, dafs nach Archimedes Tode diese Anschauungen schnell verschwanden, und in der That finden wir sie Jahrtausende hindurch verdrängt durch die aristotelischen Lehren. Diese waren geltend. Wie hatte sie Aristoteles erklärt?

Archimedes spricht deutlich aus, dafs zwei Gewichte im Gleichgewicht am Hebel sind, wenn sie sich verkehrt verhalten, wie ihre Entfernungen von dem Unterstützungspunkte. Der Beweis dieses Satzes ist von Archimedes mit Bezug auf den Schwerpunkt der Körper gegeben. Aber hiervon ward keinerlei Gebrauch gemacht, sondern Aristoteles erklärte rund weg, bei der Frage: Wie können kleine Kräfte grofse Lasten durch Hülfe eines Hebels in Bewegnng setzen, da doch hier nebst der Last auch noch der Hebel selbst bewegt werden mufs? — Dies geschieht deshalb, weil ein gröfserer Halbmesser sich stärker bewegt als ein kleinerer! — Wie kann ein kleiner Keil grofse Klötze zersprengen? — Weil der Keil aus zwei entgegengesetzten Hebeln besteht. Bei diesen Antworten ist die Beobachtung und eine Prüfung der Fälle absolut vernachlässigt. Da die aristotelische Methode herrschend blieb, so vermochten die späteren Mechaniker, selbst die, welche sich auf Archimedes' Gesetz stützten, nicht dieses Gesetz anzuwenden. Sie versuchten dies freilich oft genug, z. B. für die Schraube, den Keil, die schiefe Ebene, aber ohne Erfolg, was um so mehr wunderbar erscheint, als die schiefe Ebene, durch welche die Wirkung der Kraft, die man an den Körper wenden will, vermehrt wird, unter die einfachen Maschinen aufgenommen wurde. Allein das Verhältnifs der Vermehrung der Kraft konnte keiner auffinden. Pappus (400 n. Chr.) stellte das Problem auf, bei gegebener Kraft, die eine Last auf horizontaler Ebene bewege, die Vermehrung dieser Kraft zu finden, die für den Fall nöthig, um dieselbe Last auf einer gegebenen schiefen Ebene zu bewegen, — ohne über Messung der Kraft, über die Art der Bewegung u. s. w. irgend etwas zu bemerken. Er löste die Aufgabe oder glaubte sie zu lösen dadurch, dafs er, unter Annahme der Kugelgestalt für die Last, die Wirkung der Berührung der Kugel mit der schiefen Ebene vergleicht mit der Wirkung, wenn diese Kugel von einem horizontalen Hebel getragen werde, dessen Hypomochlion jener Berührungspunkt ist, wo die Kraft auf die Oberfläche der Kugel wirkt.

Aber diese Unfähigkeit der Benutzung und Begründung der Hebelgesetze dehnt sich weit über Leonardo's Zeit hinaus, denn auch Cardanus, Jordanus u. A. können noch nicht mit dem Beweise der schiefen Ebene fertig werden, obschon sie klarer sind und der Wahrheit sich nähern. Aehnlich wie die Hebelgesetze schwebten die Begriffe im Zweifel über die Bewegung. Ueber diese wichtige Lehre ist Aristoteles so verwirrt wie kaum über etwas anderes. Er gebraucht dabei jenen „berüchtigten" Ausdruck Entelecheia, der schon nach einigen Jahrhunderten gar nicht mehr verstanden wurde und zu enormen Mifsverständnissen führte. Hermolaus Barbarus erzählt uns gar, er sei von der Schwierigkeit, dieses Wort gehörig zu übersetzen, so sehr gepeinigt worden, dafs er einst bei Nachtzeit den bösen Geist zu Hülfe rief. Allein der alte Spötter sagte ihm nur ein Wort, das noch dunkler war als jenes, und endlich begnügte er sich selbst mit dem selbstgefundenen Perfectihabilia*). Also Aristoteles sagt: „Die Bewegung ist

*) Whewell I. 59.

die Entelechie eines lebenden Körpers in Beziehung auf seine Beweglichkeit." Alle Schriftsteller bis zu Galilei hin leben noch in des Aristoteles Problemen. Mit dem Ende des funfzehnten Jahrhunderts tritt freilich eine etwas bestimmtere Ansicht ein bei einigen. Gerade die Bewegung bildete den Hauptvorwurf der in mechanischen Dingen arbeitenden Gelehrten. 1494 erschien Massimus de Motu locali, ferner Spanelli Tornus, Fassembruno, alle zu Venedig, ferner folgten später Diodochus, Bassianus Landus, Teisner (motus continuus, Lasnes, Jean Lorges, Cardanus, Borrius, Berri, Varro, Bonamici, Stecker, Findlinger, van der Hoop, Parcachi, Leiva, Moretti u. A.

In einzelnen dieser Schriften ist recht nachweisbar, wie natürliche Beobachtung mit der aristotelischen Methode im Streite lag, und oft ist nur die letztere der Grund, dafs nicht das Richtigs klar dargelegt wird. Hierfür bildet Jordanus Nemorarius in seinem Werk de Ponderositate einen merkwürdigen Beleg.

Aehnlich ging es mit dem Begriff der Schwere. Aristoteles sagt: „In der Physik nennen wir die Körper schwer oder leicht nach der Gewalt ihrer Bewegung!" worauf er gleich zufügt, dafs diese Erklärung für die wirkliche Operation der Körper nicht angemessen sei, aufser dafs man das Wort Gewalt für beide Bedeutungen annehmen wolle. Sein schlimmster Satz war jedoch der: dafs derjenige Körper der schwerere ist, der bei gleichem Inhalt schneller abwärts geht. Thomas von Aquino spricht sich ganz aristotelisch aus. Nachdem er, wie zufällig, bemerkt, dafs die Vermehrung der Quantität nicht die Ursache der Schwere sei, behauptet er, dafs jeder Körper, je gewichtiger er sei, sich auch desto mehr mit eigener Kraft bewege. — Dennoch sind die Ansichten hierfür klarer, und besonders wurde der Begriff des Schwerpunktes wenigstens im 15. Jahrhundert schon festgehalten. Ubaldi bemerkt in der Vorrede seines Mechanicorum liber (1577), Archimedes habe mit Recht vom Schwerpunkte der Ebene geschrieben, obgleich die Ebene nicht schwer sei. Solche Ebenen seien anzusehen als Grundflächen eines Prismas.

Mit der dynamischen Wissenschaft stand es, wie wir bereits oben berührt, ähnlich. Aristoteles lehrt bereits den Unterschied der natürlichen und der gewaltsamen Bewegung. Aber lange blieb das Wesen derselben unklar. Man bemühte sich zu zeigen, wie die gewaltsame Bewegung sich zu der Kraft verhielte, die sie erzeuge. Das unglückliche Beispiel des Aristoteles, um die Ursache der Bewegung eines Steines zu zeigen, der von der Hand geworfen sich fortzubewegen fortfahre, — wurde am schnellsten von allen Lehren des Stagiriten beseitigt. Man stellte jedoch ohne Klarheit dem Begriff Bewegung auch die Kraft bei und sprach so von positiver Bewegung. Bei dem Beispiel der abgeschossenen Kanonenkugel trat die Wandlung der Ansichten am meisten hervor. Man nahm allgemein an, und Tartaglia (Nova Scienza 1551) glaubte noch, dafs die Kugel, nach Verlust ihrer positiven Bewegung, sofort senkrecht herunterfalle. Santbach stellte sich das Herabfallen der Kugel

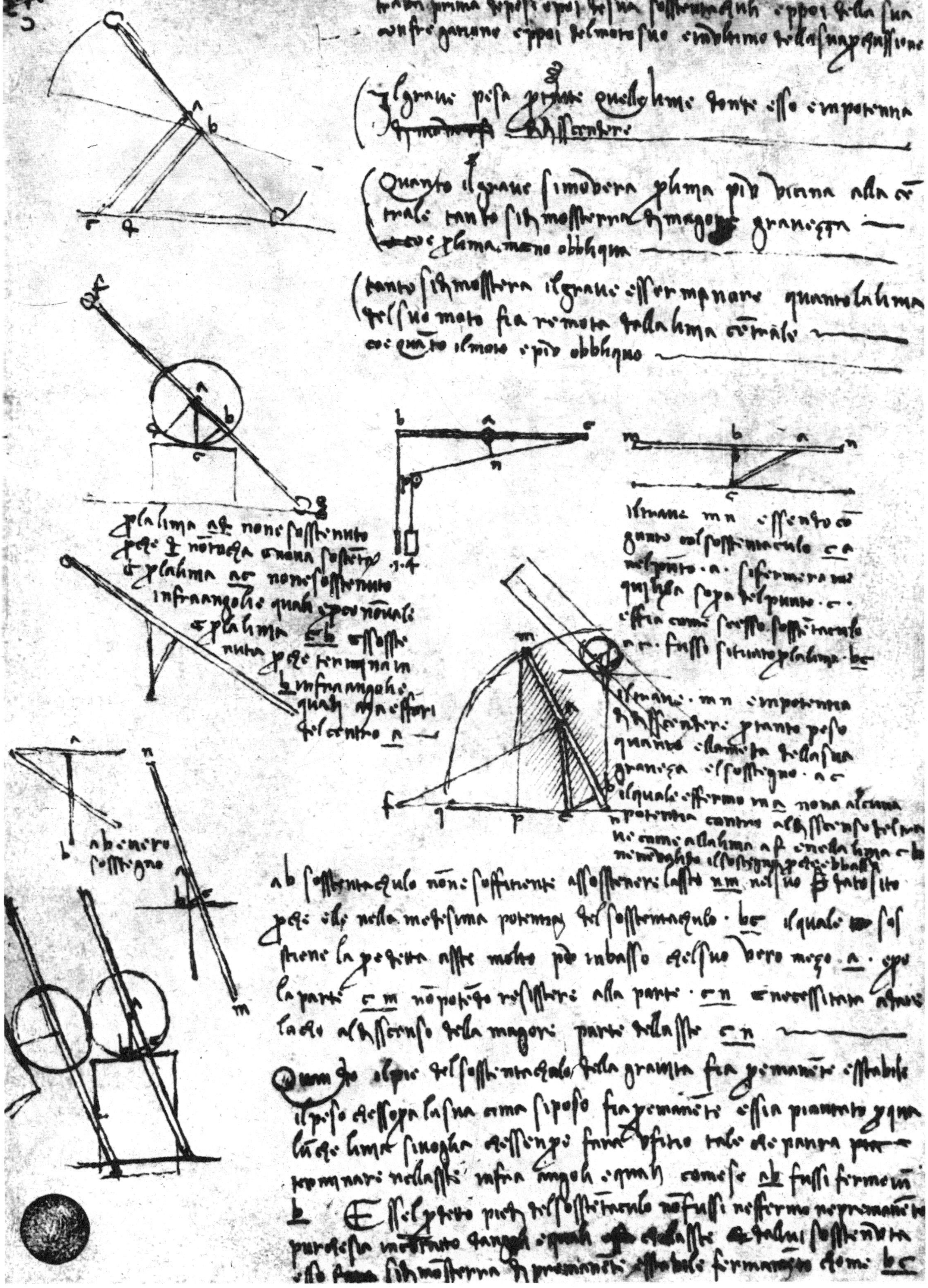

Eines der wichtigsten Blätter zur Mechaniklehre

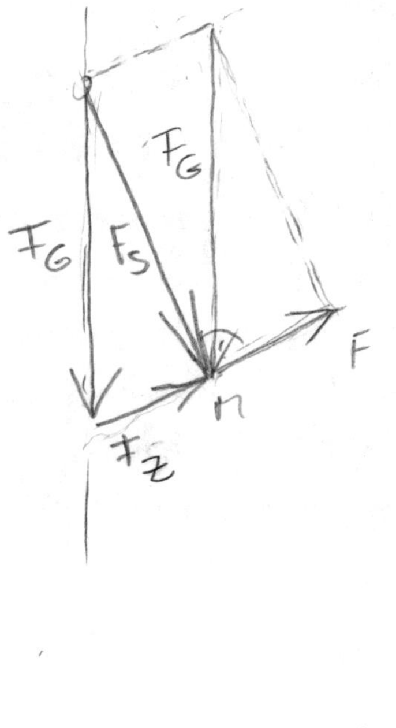

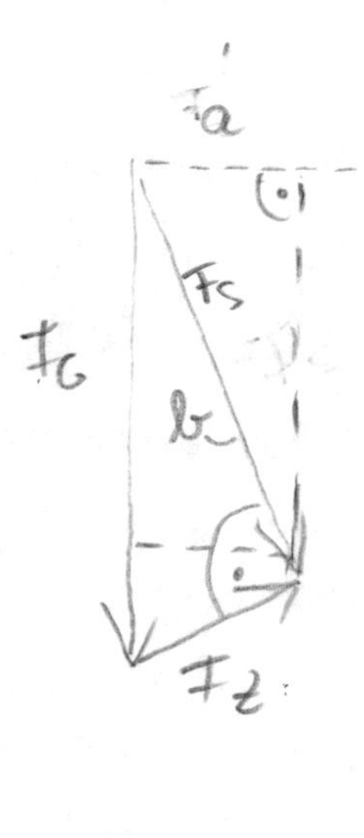

$$\vec{F}_G + \vec{F}_Z = \vec{F}_S$$

$$\frac{F_Z}{F_G} = \frac{a}{b}$$

nach Erreichung des Endes der positiven Bewegung in Absätzen (treppenförmig) vor. Rivius (1548) nahm an, dafs der Herabfall im Kreisbogen geschehe, wie später noch Leonardo da Vinci und Galilei. Benedetti hatte zuerst eine Ansicht über die Ursache der Wurfbewegung überhaupt, indem er darlegt, dafs der Stein oder die Kugel durch die Luft gehindert werde (nicht getrieben, wie Aristoteles behauptete), und dafs die Bewegung des Steines überhaupt von einer gewissen Impression, von der Impetuosität komme, die der Stein von der ersten bewegenden Kraft, von der Hand erhalte! Benedetti's liber speculationum erschien 1585. —

Es war unsere Absicht, im Vorstehenden in etwas zu zeigen, wie unvollkommen man die technischen Probleme in der ganzen Periode von Archimedes bis zum 16. Jahrhundert behandelte. Erst mit der Lehre des Holländers Stevinus in Brügge (Prinzipien der Statik und Hydrostatik 1586) und mit einzelnen Lehren des Varro, Cardanus, Benedetti, Ubaldi trat ein Verlassen der Irrlehren und der falschen Methode des Aristoteles ein. So lautet wenigstens die bisherige Annahme der Geschichte der mechanischen Wissenschaften.

Nachdem Libri, Venturi und Neuere die Manuskripte des Leonardo durchforscht haben, steht aufser Zweifel, dafs Leonardo bereits am Ende des 15. Jahrhunderts viele dieser mechanischen Gesetze klar und deutlich aufgefafst hatte. Viele derselben hat er handschriftlich hinterlassen, und sie geben dem Leonardo, will man ihn persönlich als den Urheber derselben ansehen, mindestens eine g l e i c h e B e d e u t u n g für die Mechanik, wie man Stevinus sie beilegt, zudem die P r i o r i t ä t.

Leonardo bringt uns zunächst über den Hebel folgende Betrachtung, bei welcher das Verhältnifs der Kräfte in dem Falle, wo eine Schnur in schiefer Richtung auf einen mit einem Gewichte belasteten Hebel wirkt, richtig dargestellt worden.

Fig. 1.

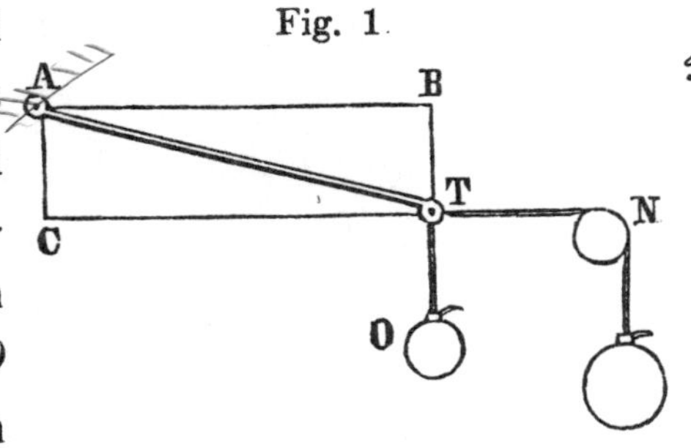

Fig. 2.

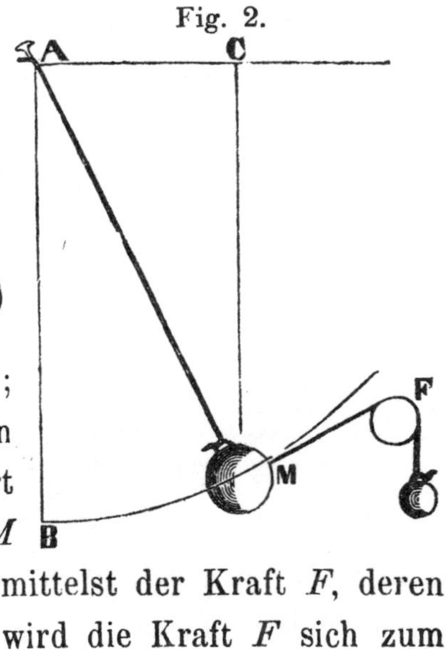

„Es sei (Fig. 1.) der Hebel AT, sein Drehpunkt in A, das Gewicht O in T aufgehängt, und die Kraft N, welche dem Gewicht O die Waage hält. Man ziehe AB senkrecht nach BO und AC senkrecht auf CN. Ich nenne AT den r e e l l e n Hebel; AB, AC p o t e n t i e l l e Hebel; und man hat die Proportion $N : O = AB : AC$. Sei nun M das Gewicht, gehalten durch das Seil AM, dessen Ende fixirt ist in A (Fig. 2.); sei ferner das Gewicht und das Seil in AM zurückgehalten aufserhalb der perpendikulären Stellung AB mittelst der Kraft F, deren Richtung MF mit AM einen rechten Winkel bildet, — so wird die Kraft F sich zum Gewicht M verhalten wie $AC : AM$.

Ist die Korde *FM* (Fig. 3) durch zwei gleiche Kräfte an *F* und *M* gespannt, und befestigt man in der Mitte der Korde in *N* ein kleines Gewicht *C*, so wird dieses den Punkt *N* bis *A* herabziehen, während die Gewichte an *FM* heraufsteigen. Mit dem Radius *MN* beschreibe man einen Kreis. Derselbe schneidet *AM* in *B*, und es wird nun die Bewegung

Fig. 3.

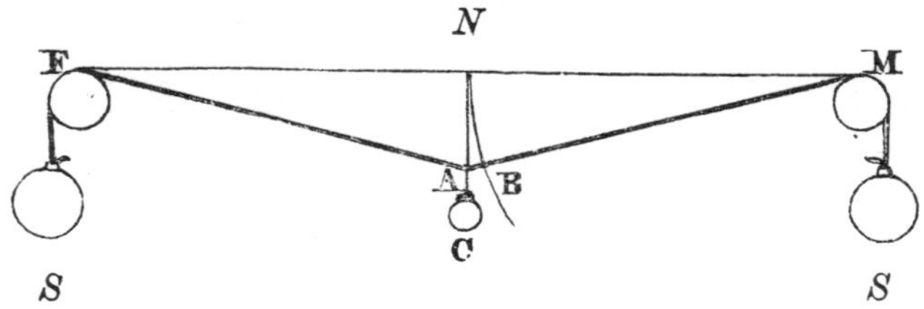

des Gewichtes *S* an *M* gleich *AB* sein. Der Punkt *N* steigt herab, bis die Proportion eintritt $C : S = BA : NA$, d. h. die respektiven Bewegungen beider Gewichte *C* und *S* verhalten sich umgekehrt wie die Gewichte selbst. — Daraus folgt, dafs, wenn die Korde in *F* und *M* festgestellt ist, das Gewicht *C* dieselbe um so mehr belastet, je weniger sie sich biegen kann. Diese Gesetze der Statik, die, wie man sieht, dem Leonardo vollkommen klar waren, erhalten in seinen Manuskripten zahlreiche Erweiterungen, die, wenn auch mit keinem speziellen Beweis versehen, zeigen, dafs Leonardo das Gebiet durchaus beherrschte und von den einzelnen Gesetzen Anwendung zu machen wufste. Das was seine Zeitgenossen noch mangelhaft zu präzisiren verstanden, und was noch Benedetti zaghaft Impetuosität nannte, finden wir bei Leonardo ganz klar betrachtet. Er hatte sich den Begriff „Kraft" gegenüber den „Bewegungen" der Körper fest formulirt, ganz und gar abweichend von den herrschenden Lehren des Aristoteles. In gleicher Weise sehen wir auch, dafs Leonardo die ihm vollkommen geläufigen Hebelgesetze zur Erklärung der Rolle, der schiefen Ebene, des Keils anwendet. Die Erklärung für den Herabgang der Körper auf der schiefen Ebene, welche, wie wir gesehen haben, weder seinen Vorgängern noch Zeitgenossen gelungen und erst durch Stevinus mittelst der Hebelgesetze geführt wurde, ist von Leonardo in zweifacher Weise so gut gegeben als von dem Holländer. Eine direkte Erklärung (die bisher auch Libri und Venturi entgangen war) enthält der Ambrosianische Codex Atlanticus. Wir finden darin hinter einander die folgenden Figuren, mit kleinen Berechnungen daneben, welche nur Zahlen enthalten und füglich hier überflüssig sind. In der Figur 4 zeigt er den Körper auf horizontaler Ebene und die Schwerpunktslinie

Fig. 4.

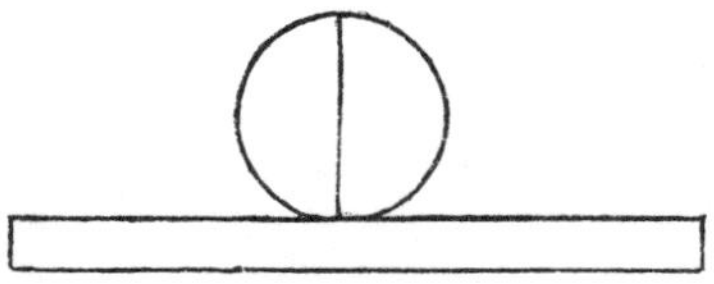

Fig. 5.

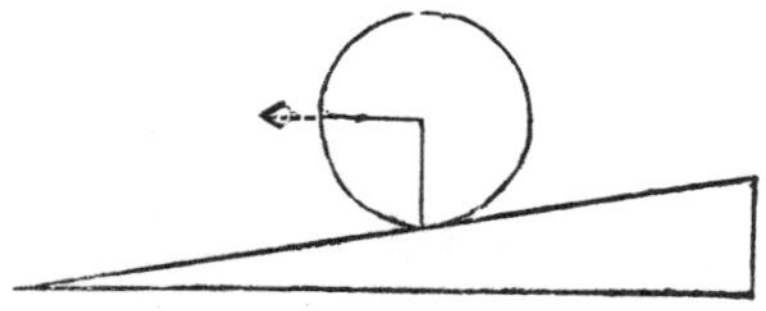

Fig. 6.

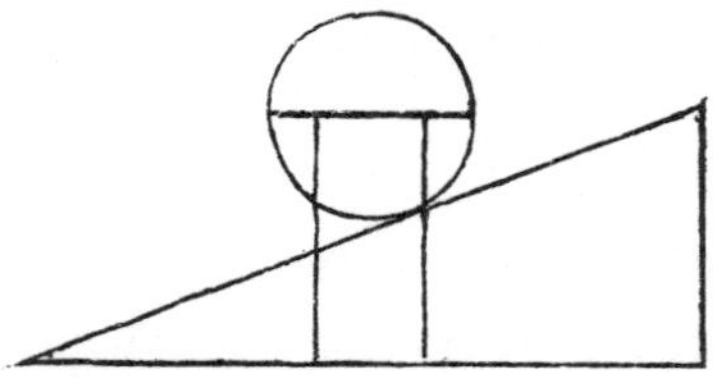

als Normale zur Ebene. In der Figur 5 gibt er an, wie die Schwerpunktslinie nicht mehr normal zur Ebene steht und der Körper durch eine Kraft herabgetrieben wird. In der Figur 6 gibt er eine Andeutung, in welchem Verhältnifs die Kraft, welche den Körper herabtreibt, zu der Kraft, welche ihn zurückhalten will, steht, indem er von den

Mittelpunkten der Radien, die den horizontalen Durchmesser bilden, Senkrechte zur Grundebene zieht und die Relation in der Differenz der Höhen beider Perpendikel mit dem Neigungswinkel der schiefen Ebene in Betracht zieht. Es fehlen uns hierzu, wie bemerkt, die Worte des Leonardo, allein die vielfachen Variationen in der Darstellung des letzten Falles lassen wohl darauf schliefsen, dafs Leonardo diese Beziehungen vollkommen verstand. Er geht dann weiter in der Betrachtung der schiefen Ebene und gibt uns in der Figur 7 und 8 Beweis davon, dafs er die schiefe Ebene mit dem Hebel vergleicht und damit zu erklären versucht. Stevinus erläuterte die Grundeigenschaft der schiefen Ebene so, dafs er eine Kette mit 14 gleich grofsen Kugeln in gleichen Zwischenräumen belastet sich dachte, welche über einen dachartigen dreiseitigen Balken mit horizontaler Basis hänge. Die zwei dachförmigen Seiten, die sich in den Längen wie 2 : 1 verhielten, trugen die eine 4, die andere 2 Kugeln. Stevinus zeigte, dafs die Kette in dieser Lage in Ruhe verharren müsse, weil nämlich jede Bewegung derselben auf dieselbe Lage wieder zurück führen müsse; dafs der andere mit den übrigen 8 Kugeln beladene Theil der Kette immerhin ganz weggenommen werden könnte, ohne das Gleichgewicht zu stören, und dafs daher 4 Kugeln auf der längeren Fläche jene zwei auf der kürzeren ebenfalls im Gleichgewicht erhalten; d. h. dafs die Gewichte sich wie die Längen dieser Flächen verhalten (Whewell II. p. 17). Dies zeigt nun Leonardo (also volle 80 Jahre früher) durch die einfache Zeichnung, so dafs man wohl keinen besseren Beweis zu führen braucht.*)

Fig. 7.

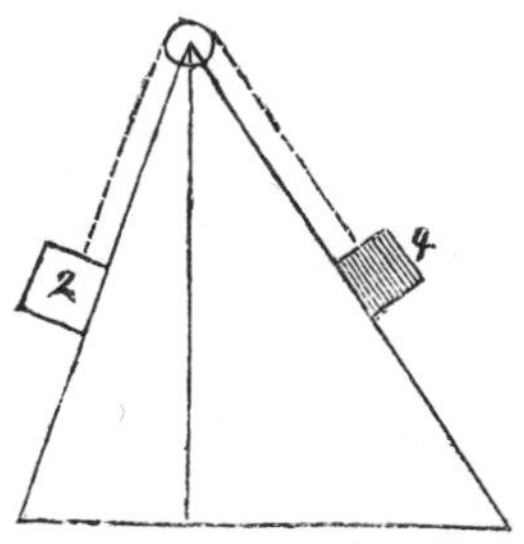

Fig. 8.

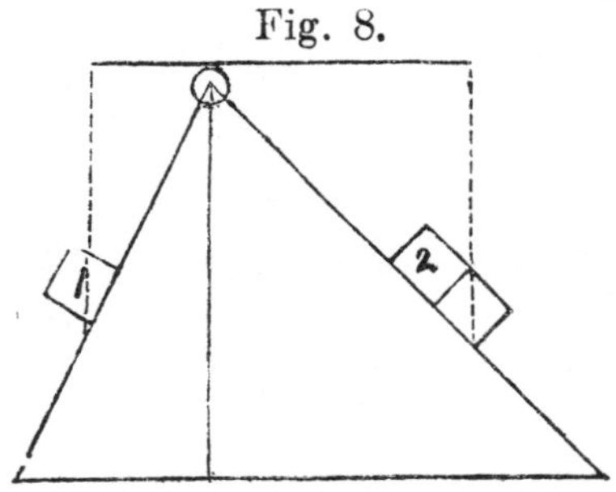

In Fig. 8a bemüht sich Leonardo, für zwei gleiche Gewichte die Gleichgewichtslage zu ermitteln, wenn A seine Lage nicht ändern soll, also an einem Tau senkrecht von der Rolle B herabhängt, C aber durch verschiedene schiefe Ebenen 1, 2, 3, 4 . . unterstützt wird. —

Fig. 8a.

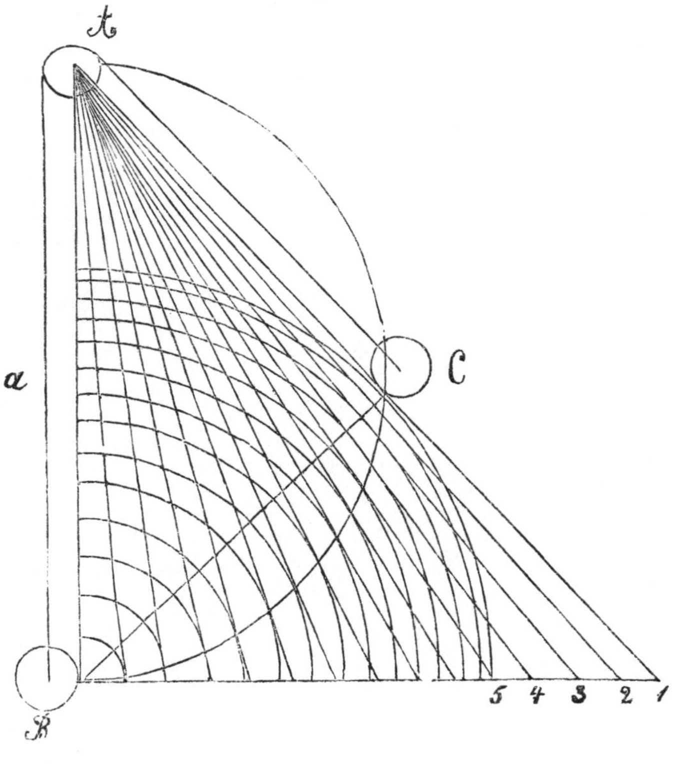

---

*) Man könnte, ohne die übrigen Deduktionen des Leonardo zu kennen, allerdings auch vermuthen, als ob dem Leonardo vorschwebte, dafs die Kräfte sich wie die Basislängen der schiefen Ebene verhielten. (G.)

Aber auch die andere Weise der Beweisführung des Leonardo genügt vollkommen, wie er oben durch die schiefe Zugrichtung am Hebel geführt worden ist.

Leonardo schwang sich in seiner Anschauung sogar bis zur Bestimmung der Zeit des Herabganges empor und fand die Zeit des freien Falls des Körpers von demselben Anfangspunkte im Verhältnifs der Länge und Höhe der schiefen Ebene. Venturi gibt uns hierüber nach den Manuskripten in Paris (N. A. B.) folgende Darstellung und nähere Begründung.

Fig. 9.

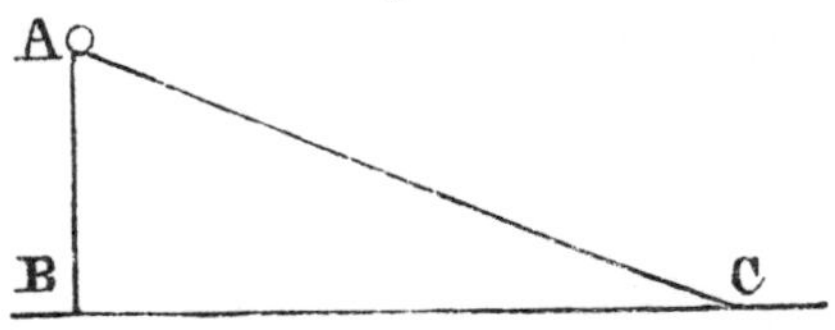

„Der Herabgang des Körpers *A* (Fig. 9) auf der Linie *AC* hat im Vergleich zu dem Fall *AB* eine um so gröfsere Zeit nöthig, als *AC* länger ist als *AB*.“ Ferner sagt er: „Ein Körper *A* wird, nachdem er über *CE* herabgegangen ist, bis nach *B* hinaufsteigen mit derselben Schnelligkeit, wie ein gleicher Körper, der von *A* nach *B* auf der geraden Linie *AB* läuft.“ Im Codex B findet sich die Stelle: „Der schwere Körper *A* (Fig. 10) steigt schneller auf dem Kreisbogen *ACE* herab, als auf der Linie *AE*.“ Venturi weist in seiner Erklärung hierzu darauf hin, dafs Vinci und später Galilei gefunden haben und festhielten, dafs der Kreisbogen für den Fall der Körper der Weg des Minimums der Zeitdauer sei, während später gezeigt ward, dafs dies die Cycloide sei. Allein Venturi meint, dafs sich auch für den Kreisbogen dies Zeitminimum annehmen lasse, mit Hülfe der synthetischen Methode bestimmbar, nach folgendem Theorem:

Fig. 10.

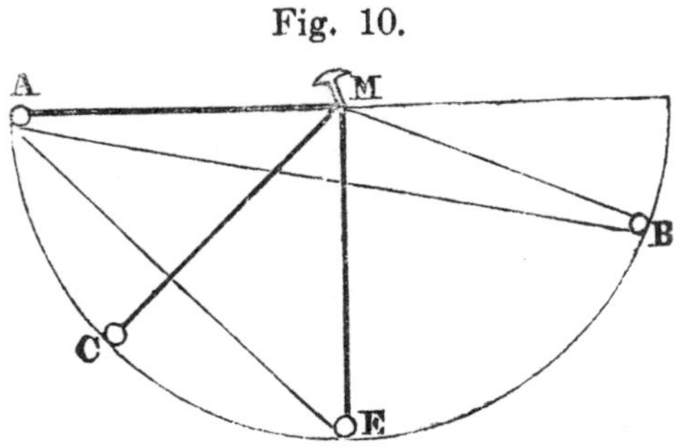

Der Kreisbogen, welcher 60^0 nicht überschreitet, bewirkt im Vergleich zu allen anderen Kurven, welche man innerhalb zwischen den Endpunkten des Bogens ziehen kann, den schnellsten Herabgang desselben Körpers. Der Kreisbogen von 90^0 bewirkt im Vergleich zu allen anderen Kurven, welche man aufserhalb zwischen den Endpunkten des Bogens ziehen kann, den schnellsten Herabgang desselhen Körpers. Seien *C* (Fig. 11) der Mittelpunkt des Kreises, *CF* die Senkrechte zum Horizont *EMF* ein Bogen, welcher 60^0 nicht überschreitet, *EqF* eine andere beliebige Kurve innerhalb des Bogens *EMF*. Man ziehe *Cm* und schlage mit *CQ* den Bogen *Qq*, ferner *AE*, *BQ*, *Dm* parallel zum Horizont; man nehme aus *AB*, *AD* das arithmetische Mittel *AX* und das geometrische Mittel *AZ*, so hat statt $AZ < AX$, und es wird sich verhalten die Schnelligkeit bei *M* zu der bei

Fig. 11

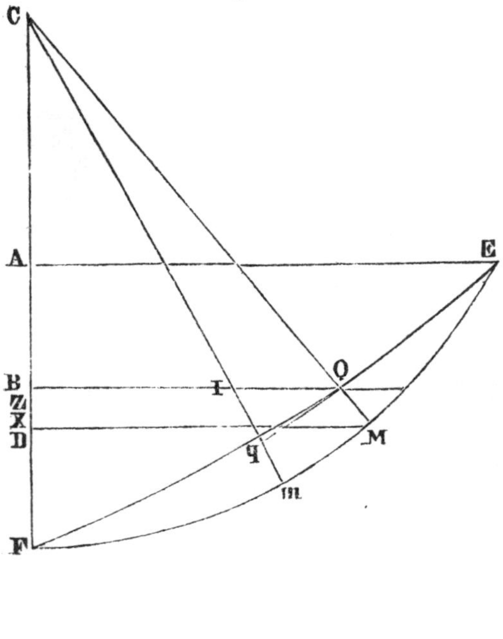

$A = AD : AZ$. Nimmt man an, dafs $CD > 2\ AD$, so wird auch $CD : BD > AD : XD$ und $CD : CB < AD : AX$ und $< AD : AZ$, oder $CD : CB = CM : CQ = Mm : Qq$, somit $Mm : AD < Qq : AZ < QI : AZ$. Diese Verhältnisse geben die Zeit durch Mm an und die Zeit durch QI. Wenn nun die Zeiten beider Herabsteigungen in demselben Moment beginnen in E, so wird die Zeit des totalen Herabgehens auf EMF kürzer sein als die des totalen Herabsteigens auf EQF.

Fig. 12

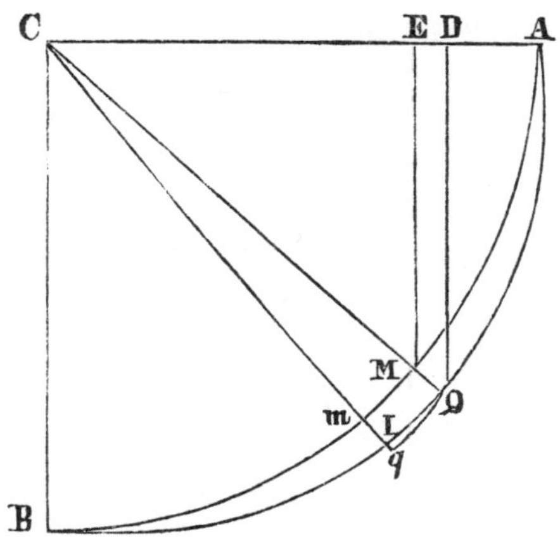

Für den zweiten Fall sei AMB (Fig. 12) der Kreisbogen von 90^0 und AQB für eine der möglichen Kurven aufserhalb des Bogens, so hat man

$$Qq : Mm = CQ : CM = DQ : EM > \sqrt{DQ} : \sqrt{EM}$$

Also $Qq : \sqrt{DQ} > Mm : \sqrt{EM}$. Folglich ist die Zeit durch Qq ausgedrückt länger als die Zeit durch Mm ausgedrückt und folglich auch die durch die ganze Kurve resp. Bogen ausgedrückte Zeit. —

Venturi will hiermit darthun, dafs die Anschauungen des Leonardo sich noch jetzt vertheidigen lassen. In der That aber ist der Scharfsinn des Leonardo auch hierbei wieder zu bewundern, da ihm sicherlich die Ideen vorschwebten und nicht unklar waren, denen später Galilei Ausdruk gegeben hat.

Hier anschliefsend müssen wir noch jene Stelle des Leonardo zitiren (G. 55), in welcher er über den Fall der schweren Körper abhandelt, und zwar in Verbindung mit der Rotation der Erde. Wir bemerken vorweg, dafs die allgemeine Annahme, dafs Kopernikus der erste gewesen sei, der eine Bewegung der Erde aussprach und zu beweisen suchte, durchaus unrichtig ist. Vielmehr finden wir seit Ptolemaeus mehrfache Andeutungen hierüber. Die allmählich sich bahnbrechende Ansicht von der Kugelgestalt der Erde mufste durchaus dazu führen, dafs diese Kugel irgend eine Bewegung habe. Gerade die Gegner solcher Theorien führen uns darauf hin, dafs man frühzeitig solche Ideen fafste. Vor allem stand die Kugelgestalt der Erde bereits um 400 fest, denn der heil. Augustinus leugnet sie nicht, ebensowenig die späteren Schriftsteller. Aber die Art der Sterne und ihre Befestigung, die Befestigung und Stellung der Erde, die Frage der Antipoden, — das waren Gründe zu heftigen Diskussionen. Und wenn Lactantius sagt, er sei wahrhaft in Verlegenheit, wie man solche Leute nennen solle, die eine solche Thorheit begingen, zu behaupten, dafs die Körper gegen den Mittelpunkt der Erde hinfielen, so zeugt dies davon, dafs die Philosophen diesem frommen Mann des vierten Jahrhunderts viel zu schaffen machten und ihn gewaltig mit den Betrachtungen ärgerten, die er emphatisch für eitel und nichtig erklärt hatte. Die Kugelgestalt und die Anziehung der Erde war im 13. Jahrhundert bereits etwas allgemein Bekanntes.

Wir erinnern auch an die interessante Stelle Dante's, Inferno XXXIV. 88 cf., wo er den Durchgang durch den Mittelpunkt der Erde beschreibt. Im Anfang des 16. Jahrhunderts war es Nicolas de Cusa, welcher die Drehung der Erde theoretisch nachweisen wollte, aber in der metaphysischen Beweisführung stecken blieb.

Die Art und Weise, in welcher Leonardo die Drehung der Erde in folgender (und in vielen andern) Stelle benutzt und gleichsam als etwas einfaches und bekanntes voraussetzt, läfst uns wohl mit Recht darauf schliefsen, dafs diese Auffassung die seiner Zeit war. Leonardo gibt uns aber in diesem Falle eine mechanische Betrachtung über die Relation gleichzeitiger Bewegungen, — welche bisher dem Gassendi zugeschrieben wurde, zufolge seiner Abhandlung: de motu impresso a motore translato. Später hat d'Alembert gezeigt, dafs die senkrecht gegen den Zenith emporgeworfenen Körper nicht auf den Ort ihres Abganges zurückfielen, und erst später folgten die Versuche hierfür am Pisaer schiefen Thurme.

Fig. 13.

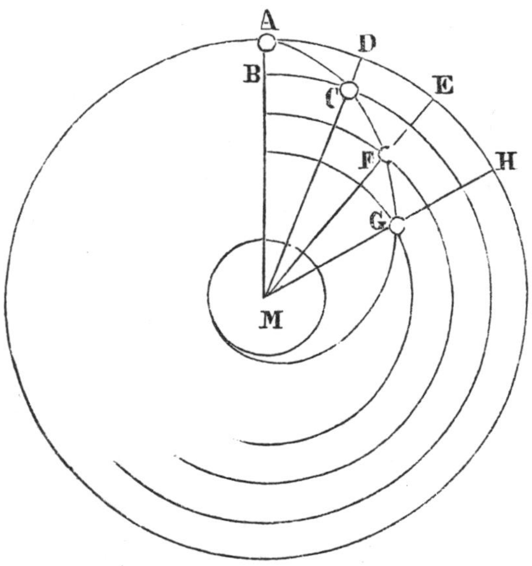

Leonardo sagt: Sei Fig. 13 A der Körper, welcher in den Elementen fällt, die er durcheilt, um nach dem Mittelpunkt der Welt M zu kommen. Ich sage, dafs diese Last, herabsteigend in einer Spirale, nicht aus der graden Linie herausgehen wird, welche sie als Weg nach dem Mittelpunkt der Erde verfolgen mufs. Denn wenn der Körper von A ausgeht, um nach B zu kommen, so wird, während er nach B geht und in die Lage von C kommt, der Punkt A bei Drehung in D ankommen; betrachtet man nun die Lage des Körpers, so findet man, dafs er noch immer in der graden Linie sich befindet, welche (erst A) jetzt D mit dem Mittelpunkt der Welt verbindet. Wenn der Körper nach F weiter geht, wird zu gleicher Zeit der Punkt D nach E wandern. Während des Herabsteigens von F nach G bringt die Drehung E in die Lage von H. So steigt der Körper auf der Erde herab, immer oberhalb des Ausgangspunkts. Das ist eine zusammengesetzte Bewegung, sie ist zu gleicher Zeit gradlinig und kurvenförmig. Sie ist gradlinig, weil der Körper sich immer auf der kürzesten Linie befindet, welche sich ziehen läfst von dem Ausgangspunkt der Bewegung nach dem Zentrum der Elemente. Sie ist kurvenförmig an sich und in jedem Punkte des Weges. Daher wird ein von der Höhe eines Thurmes geworfener Stein nicht an die Mauern des Thurmes anschlagen, bis er die Erde erreicht." —

Obgleich ein Jahrtausende bekannter und angewendeter Mechanismus, hatte doch die Rolle seit Archimedes keinen Erklärer gefunden, der ihr Prinzip auf den Hebel zurückgeführt hätte. Auch hierher trat Stevinus (so weit bisher bekannt war) zuerst

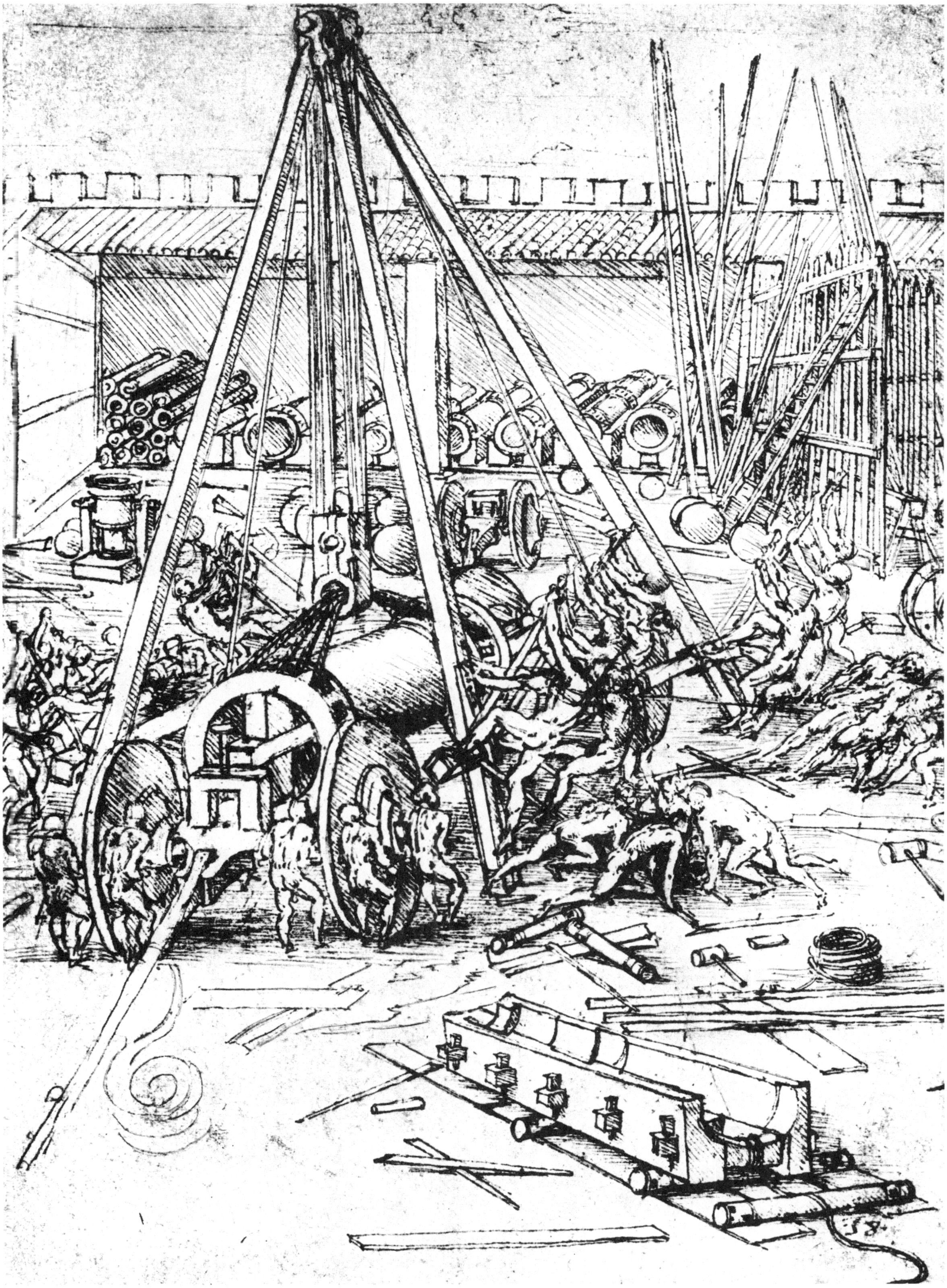

Kanonengießerei

ein, und vor ihm hatte Ubaldus (1577) eine ähnliche Beweisführung versucht. Nun finden wir aber, dafs Leonardo diese Zurückführung der Rolle auf das Prinzip des Hebels in leichtester Weise bewirkt und in dieser Anschauung lebt und webt. Wir haben ca. 50 Skizzen in den Manuskripten des Leonardo gefunden, die dies Verhältnifs darlegen.

Fig. 14.

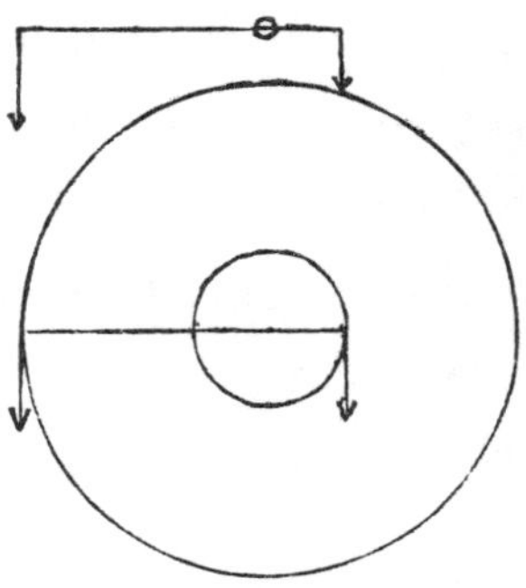

In Fig. 14 gibt er in einfacher Weise das Verhältnifs der bewegenden Kraft am Rade zu der zu überwindenden Last an der Welle, resp. umgekehrt, an. Er zeigt ferner an vielen Skizzen die verschiedenen Längen des kontinuirlichen Hebelarmes, die Relation der Lasten an denselben zur Kraft, er gibt eine grofse Anzahl von Apparaten an, bei welchen die Rolle als Hebel benutzt ist, und bestimmt ihre Verhältnisse. Er zeigt, wie die mechanische Wirksamkeit der Rolle durch Kombination mehrerer solcher sehr erhöht werden könne, und macht dies deutlich durch eine treffliche Skizze, in welcher, vom gleicharmigen Hebelarm ausgehend, gezeigt wird, wie durch Anfügung eines Rollensystems von sechs Rollen der eine Arm des Hebels gleichsam um so viel vergröfsert, verlängert wird, dafs die Lasten an diesen Armen sich wie 1 : 4 verhalten. Von da kommt er zur Beleuchtung des Flaschenzuges. Es ist ja allbekannt und von Förster in seiner Bauzeitung noch speziell beschrieben, wie Leonardo ein Meister in Hebung schwerer Lasten bei Bauten etc. gewesen ist. Er konnte dies leisten, weil er die mechanischen Gesetze beherrschte.

Fig. 15.

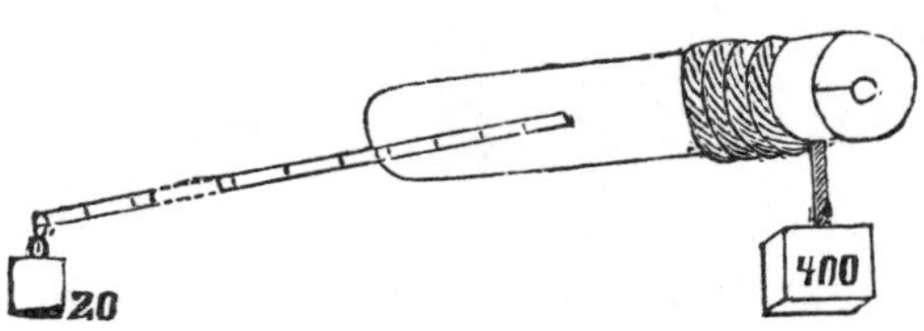

In Fig. 15 berechnet Leonardo ein Wellrad zum Aufwinden, indem er dasselbe als ungleicharmigen Hebel darstellt und den Hebelarm, an welchem die Kraft angreift, in 19 Theile = dem Halbmesser der Welle theilt vom Befestigungspunkte an bis zum Ende. Er findet so, dafs eine Kraft gleich 20 einer Last gleich 400 im Stande sei die Waage zu halten. Für unsere Zeit freilich und bei der verhältnifsmäfsigen Unkenntnifs der Geschichte der Entwicklung der Mechanik ist es überraschend, dafs diese einfachen Thatsachen zuerst von Leonardo wieder in ihrem natürlichen Zusammenhange dargestellt wurden, — seit Archimedes und Vitruv.*) Dieser Erkenntnifs des Leonardo haben wir aber auch seine in der That einzig für seine Zeit dastehenden Entwicklungen der Naturgesetze und die Konstruktion resp. Erfindung vielfältiger Mechanismen und Maschinen zu verdanken!

*) Es darf wohl nicht übersehen werden, dafs der Hebel, die Rolle und der Flaschenzug den Griechen und Römern wohlbekannt blieben, sowie dafs Vitruv (200 Jahre nach Archimedes) dieselben nicht nur beschrieb, sondern auch das Hebelgesetz ausdrücklich — mit Hinweis auf die in Aller Händen befindliche Schnellwaage — erweist. L. X. C. 7. Die Red.

Jedoch erstreckte sich dies nur auf die Eigenschaften des Hebels, der Rolle etc. nicht auf die Erklärung. Vitruvs Darstellung wurde erst wieder im 15. Jahrhundert anerkannt, gegenüber den Aristotelikern. (Gr.)

Betrachten wir nun die mechanischen Arbeiten des Leonardo weiter, so müssen wir zunächst folgende Stelle von pag. 185 des Codex N (Paris) anführen.

„Wenn man irgend eine Maschine gebraucht zum Bewegen schwerer Körper, so haben alle Theile der Maschine, welche eine gleiche Bewegung mit derjenigen des schweren Körpers haben, eine dem ganzen Gewicht des Körpers gleiche Belastung. Wenn der Theil, welcher der bewegende ist, in derselben Zeit mehr Bewegung äufsert als der bewegte Körper, so hat er mehr Kraft als der bewegte Körper, und er wird sich um so viel schneller bewegen als der Körper selbst. Wenn der Theil, welcher der bewegende ist, weniger Schnelligkeit hat als der bewegte, so wird er um so viel weniger Kraft haben als der bewegte Körper." In diesen Worten liegt der Grundgedanke des Prinzips der virtuellen Geschwindigkeiten, dafs bei jeder Maschine sich die Kräfte, die einander das Gleichgewicht halten, untereinander umgekehrt verhalten wie ihre virtuelle Geschwindigkeit. Dies Gesetz ist später von Ubaldi präzisirt und sodann von Galilei in seiner Abhandlung „Ueber die Wissenschaft der Mechanik" (1592) genauer auseinandergesetzt worden, so dafs man bisher Galilei als den Urheber dieses Gesetzes betrachtete.

Ueber die Begriffe „Kraft", „Bewegung" u. s. w. äufsert sich Leonardo wie folgt:

a. „Kein sinnlich wahrnehmbares Ding kann sich von sich selbst bewegen, sondern seine Bewegung wird durch Anderes bewirkt."(Dieses Andere ist die Kraft, Forza.)

b. „Kraft ist eine unsichtbare (spirituale) Macht (potenza), unkörperlich und ungreifbar, welehe die Ursache sein kann, dafs die Körper durch zufällige Heftigkeit der Einwirkung den natürlichen Zustand der Ruhe aufgeben. Ich sage unsichtbar (spirituale), weil sie ein unsichtbares Dasein hat; ich sage unkörperlich und ungreifbar, weil sie nicht körperlich entsteht und weder in Form noch Gewicht wächst."

c. „Die materielle Bewegung wird bewirkt durch Gewicht und Kraft. Aber es ist eine andre Bewegung die, welche durch die Schwere bewirkt wird, und die, welche durch die Kraft entsteht, und die, welche durch ähnliches als die Kraft erwirkt wird."

d. „Wenn ein Körper durch eine Kraft (potenza) bewegt wird in gegebener Zeit und in einem solchen Raume, so wird dieselbe Kraft auch im Stande sein, ihn zu bewegen in der Hälfte der Zeit durch die Hälfte jenes Raumes, oder in zweimal soviel Zeit zweimal durch jenen Raum."

e. „Kein bewegter Körper kann sich schneller bewegen, als die Geschwindigkeit der Kraft, welche ihn bewegt, erlaubt."

f. „Jede Aktion erfordert Bewegung."

g. „Jeder Körper wiegt (péso) in der Richtung seiner Bewegung. (Inertia!)"

h. „Der freifallende Körper erlangt in jedem Grade der Bewegung Grade der Beschleunigung."

i. „Der Stofs (percussione) ist eine Kraft, ausgeübt in kurzer Zeit."

k. „Jede Bewegung, welche durch Reflexion entstand, beendigt ihren Lauf auf der Linie der Incidenz. Die Incidenzbewegung hat eine gröfsere Macht (potenza), als die reflektirte Bewegung. Das, was mehr Kraft hat, dauert länger als das, was weniger kräftig ist." —

l. „Es ist unmöglich, dafs zwei Körper einer durch den andern hindurchgehen."

In allen diesen Sätzen, deren Zahl sich leicht vermehren liefse, gibt Leonardo den Beweis für die Schärfe seiner Auffassungskraft. Während er darin die Grundlagen für eine Darstellung der wichtigsten mechanischen Gesetze ausspricht, das Beharrungsvermögen, die Bewegung durch plötzliche Einwirkung und die Idee der Kraft, freiwillige und unfreiwillige Bewegung, gleichförmige Bewegung näher feststellt, gibt er in den letzten Sätzen mit klassisch kurzem Ausdruck unsere heutigen Ansichten wieder. Nur in dem Satz *e* unterläuft ihm die Aristotelische Anschauung ein wenig. Der Satz *h* ist dagegen eine bedeutungsvolle Andeutung des später von Galilei ausgesprochenen Gesetzes. Der Satz *d* spricht, wie Govi sehr richtig bemerkt, klar aus: Der durchlaufene Raum ist proportional der Zeit, für die gleichförmige Bewegung! —

Alle diese Sätze aber gehören wahrscheinlich den diversen Schriften des Leonardo an, die er selbst öfter zitirt, nämlich libro del moto, Trattato di percussione, Elementi macchinali, libro del impeto, libro di gravita u. A. Solche Schriften scheinen in Form von Leitfäden angelegt worden zu sein, nach §§ geordnet, auf die Leonardo dann in gewissen Fällen einfach hinweist. Z. B. Questa è manifesta per la dodicesima e provasi ancora per l'ottava, che dice etc. — In dem Londoner Manuskript des Leonardo ist eine Abhandlung Moto ondoso del mare enthalten. Auch hier die obigen Zitate, die sich auch auf eine vorhandene Zusammenstellung der hydrostatischen Gesetze beziehen.

Gegen die kontinuirliche Bewegung oder das Perpetuum mobile spricht sich Leonardo ganz entschieden aus.

In seinen Schriften sind häufige Stellen darüber und die Reihe der Zeichnungen dafür ist bedeutend. Alle die Ideen mit gefächerten Rädern und Kugeln, Kugeln an Armen, u. s. w. finden bereits bei Leonardo eingehende Beurtheilung und Verurtheilung, und bei einer dieser Zeichnungen, bei welcher Leonardo 32 Kugeln voraussetzte und ausführlich berechnet, findet sich das Wort „Satanasso" zugefügt, welches vielleicht der letzten Kugel gilt, deren Berechnung ebenfalls kein günstiges Resultat gab. Die Ueberzeugung von der Unmöglichkeit eines Perpetuum mobile und die Begründung dieser Ueberzeugung gibt der mechanischen Kenntnifs des Leonardo besondere Bedeutung. Wie Govi auch richtig bemerkt hat, findet man bei Leonardo, ein Zeichen seines ernsten Strebens und seiner Aufrichtigkeit, häufig am Schlufs von Rechnungen, Konstruktionen etc. die Worte: falso! oder non è desso! oder errato! — gleichzeitig allerdings für uns jetzt ein Mittel, ihn, den Schreiber selbst, richtig zu beurtheilen. Er schreibt: „Contro del moto perpetuo. Keine greifbare Sache bewegt sich von selbst; daher wenn sie sich bewegt durch eine ungleiche Kraft d. h. bei ungleicher Zeit oder Bewegung oder Schwere entweicht schnell der erste Antrieb, und plötzlich verliert sich auch das zweite (nämlich die Bewegung)." „Kein bewegtes Ding kann nach seinem Herabfall zur gleichen Höhe sich wieder emporheben, also hört die Bewegung auf." Leonardo zeigt dasselbe an Hebung des Wassers und an vielen andern Beispielen. —

Leonardo ist bei Betrachtung der Bewegungsgesetze auf die Einflüsse der Reibung eingegangen, und zwar viel spezieller, als man glauben sollte. Seine Arbeiten hierüber sind aus Versuchen sicherlich hervorgegangen. Er hat die Reibung von Flächen bestimmt unter vielen Variationen, sodann die Zapfenreibung, und für beide Betrachtungen gibt er viele Skizzen. Er spricht zunächst allgemein sich so aus:

„Die Reibungen (confregazione) der Körper sind von so verschiedener Gewalt, als es Variationen der Schlüpfrigkeit der Körper, welche sich reiben können, gibt. Die Körper, welche mehr geglättet (pulita) sind auf der Oberfläche, haben eine leichtere Reibung. Körper von gleicher Schlüpfrigkeit (lubricita) haben kräftigere und schwerere Widerstände bei der Reibung. Jeder Körper widersteht bei der Reibung mit einem Viertheil seiner Schwere, vorausgesetzt eine glatte Ebene und polirte Oberfläche. Wenn ein polirter Körper eine polirte schiefe Ebene zu passiren hat mit dem Viertheil seiner Schwere, so ist er von selbst geneigt zur Bewegung auf dem Abhang. Die Reibung irgend eines Körpers mit verschiedenen Seitenflächen macht einen gleichen Widerstand, gleichviel auf welcher Seite er liegt, wenn es nur immer eine Ebene ist, wo er sich reibt." Leonardo spricht sodann über die Reibung der Räder und vergleicht sie mit unendlich kleinen und verminderten Schnitten, bei welchen nicht Reiben, sondern nur Berühren statthabe. Die Fol. 195 des Codex Atlanticus enthalt Betrachtungen nebst Illustrationen über die Reibung der Körper auf Flächen und runder Körper in Lagern. Besonders scheint die Relation zwischen der Gröfse der Oberfläche und der Gröfse der Reibung der Gegenstand der Betrachtungen gewesen sein, die in gleicher Richtung angestellt waren, wie die Versuche Coulomb's, welcher später die Reibungsgesetze feststellte.

Eine wesentlich neue Betrachtung, für seine Zeit neu und fast einzig dastehend, wendete Leonardo da Vinci der Festigkeit der Körper zu und zugleich der für ihre Benutzung in gewissen Fällen nothwendigen Haltbarkeit gegenüber den auf sie einwirkenden Kräften. So widmet er eine ausführliche und sehr eingehende Abhandlung der Festigkeit der Balken, und die Figuren, welche wir heute in unsern technischen Lehrbüchern zu finden gewohnt sind, um z. B. die relative Festigkeit und die absolute Festigkeit deutlich zu machen, sehen wir in grofser Reichhaltigkeit bereits auf Leonardo's Skizzenblättern. Dafs für ihn als Baumeister und Wasserbauingenieur allerdings solche Bestimmungen nicht allein nahe lagen, sondern von ihm auch gern durchgeführt wurden, nimmt uns bei dem gründlichen Wesen des Leonardo nicht Wunder. Allein er unter-

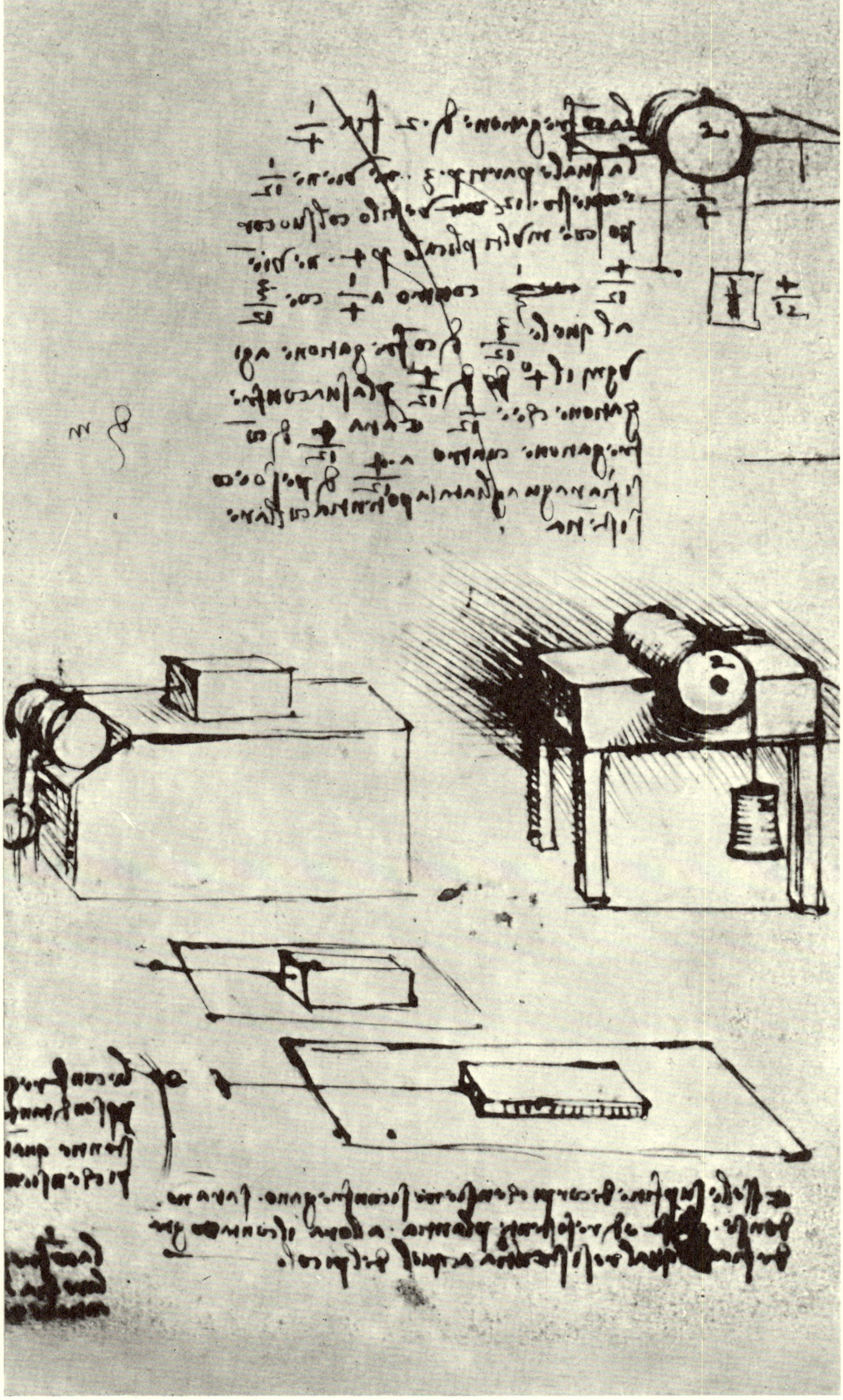

Bank zum Studium der Ursachen von Reibung

suchte auch die Druckfestigkeit und Zugfestigkeit eben so eingehend und seine Resultate kommen unsern heutigen Annahmen sehr nahe.

Leonardo's Berechnung über die nothwendige Kraft zum Einschlagen von Nägeln, Bolzen n. s. w. und die daraus sich ergebende Stärke und beste Form derselben sind nicht minder beachtenswerth. Dieselben verbreiten sich sodann auf die Theorie des Keils. Bei Gelegenheit der Darstellung der Kanonenbohrerei berechnet Leonardo die benöthigte Stärke der Achsen oder Zapfen am Lauf und besfimmt die vortheilhafteste Stelle, wo dieselben angebracht werden. Aehnliche Berechnungen führen ihn zur Konstruktion der Rammen und des Rammbärs, zur entsprechenden Form der Ketten und der Gliederketten, der Thürangeln, und einer grofsen Anzahl anderer Details für Maschinenbau und Baukunst.

Leonardo war ein Talent, das durch und durch in der Mechanik wurzelte. Sowie er der Mechanik oblag zum Zweck der Ermittelung der Naturgesestze, so wandte er sie an für die Malerei zur Ermittlung der natürlichen Verhältnisse und Formen und seine anatomischen Studien waren wesentlich mechanischer Art, denn für ihn waren Arme und Beine Hebel. Im 4. Kapitel seines Traktats von der Malerei handelt er hierüber genauer ab. Die Bewegung der Thiere und Menschen resp. deren Glieder erklärt er nach den Gesetzen der Statik und Mechanik in ungemein fafslicher Weise. Leonardo betrachtet zuerst den Zustand der Ruhe und erklärt: „Der Mangel an Bewegung eines jeglichen Thieres entspringt von der Entziehung der Ungleichheit, welche die einander entgegengesetzten Schweren haben, die sich auf ihr eigenes Gewicht stützen.“ „Die Bewegung kommt von dem Aufhören des Gleichgewichts oder von dessen Ungleichheit her.“ Aus diesen beiden Grundgesetzen entwickelte Leonardo nun eine Reihe Fälle. Er zeichnete gleichsam hierzu ein Skizzenbuch für den Fechtmeister Borri, worin er die einzelnen Stellungen rein mechanisch behandelte.

Ein wichtiger Beweis für seine eigenen Aussprüche über die Bedeutung der Mathematik und Mechanik liefert Leonardo selbst durch die Art und Weise, wie er die Gestalt der Ornamente geometrisch und mechanisch bestimmt. Im Codex Atlanticus sind eine Reihe Blätter allein diesem Gegenstande gewidmet, und es verdienten diese Blätter vor allem eine gröfsere Verbreitung zum Nutzen unserer Kunstgewerbe.

VII.

Whewell sagt in seiner Geschichte der iudnktiven Wissenschaft Bd. I. p. 86: „Archimedes*) legte nicht allein den Grundstein zur Statik der soliden Körper, sondern er löste auch das Fundamental-Problem der Hydrostatik glücklich auf. Diese Auflösuug ist um so merkwürdiger, da das von ihm für die Hydrostatik aufgestellte Prinzip

*) Archimedes, περι των εχουμενων. ed. David Rivaltus Paris 1615.

nicht nur bis zum Ende des Mittelalters unbenutzt blieb, sondern da es auch selbst dann, als es wieder aufgenommen wurde, so wenig klar eingesehen worden ist, dafs man es nur das Hydrostatische Paradoxon nannte.“ Archimedes hatte den Satz des hydrostatischen Druckes, dafs sich ein auf eine Flüssigkeit ausgeübter Druck in der Flüssigkeit nach allen Richtungen fortpflanzt, aufgestellt, allein nach den Annahmen der Geschichte bisher waren es Stevinus und Galilei zuerst, welche dies Gesetz wieder in seiner Klarheit begriffen und dasselbe zur Geltung brachten. In der That enthalten alle Schriften des Mittelalters bis dahin, verführt von der aristotelischen Dogmatik, nur ganz verworrene Auffassungen über das, was dies Gesetz mit absoluter Wahrheit vorstellt. Man lese nur des Cardanus Ideen hierüber, um sich von dem gänzlichen Abhanddenkommen des Archimedischen Gesetzes zu überzeugen.

Von 1547 an wandte sich die Aufmerksamkeit der Hydrostatik und Hydrodynamik wieder zu, und Fr. Commandinus machte sich verdient durch Edition der Schriften des Hero und des Archimedes über diesen Gegenstand. Auch Baptist Porta edirte 1601 ein Werk Pneumaticorum libri tres, in welchem er auf Heros Werk näher einging. Von da ab folgen Gasparis, Schottius, Bardius, Mersenne und Boyle's Hydrostatical parodoxes made ut by new Experiments. Zuvor hatte Pascal 1653 seine Schrift vom Gleichgewicht der Flüssigkeit herausgegeben u. s. w.; Galilei's Schrift über die schwimmenden Körper 1612 fand bekanntlich heftige Gegner und sein Schüler Castelli hatte alle Hände voll zu thun, die Angriffe Colombe's, Vincenzio des Gracia u. a. abzuwehren. Alle diese Schriften sind also einer späteren Zeit, als in der Leonardo lebte, angehörig. Von Leonardo da Vinci haben wir bereits oben angeführt, welches Verdienst er sich als Wasserbau-Ingenieur um seine Zeit und sein Vaterland erworben hat, ein Verdienst, das heute noch in vollem Umfange besteht, und so fortwirken konnte, weil seine Bauten mit ungemeiner Schärfe projektirt waren und sorgsam durchdacht ausgeführt wurden. Der Adda-Kanal und vor allem der Kanal von Martesana im Veltlin mit seiner wunderbaren Bewässerungsmethode sind Meisterwerke für alle Zeiten. Aus der Trefflichkeit dieser Arbeiten läfst sich schon schliefsen, dafs Leonardo nicht sowohl Herr über rationelle Benutzung des Wassers war, sondern dafs er auch alle Eigenschaften dieses wichtigen Elements vom Grunde studirt hat. Bei seiner scharfen Auffassungsgabe konnte es nicht fehlen, dafs er die Richtigkeit der Archimedischen Gesetze begriff und auf ihnen seine Projekte und Ausführungen basirte. Wir können uns für die Begründung, dafs dies in vollstem Mafse geschehen und dafs Leonardo dem Stevinus und Galilei weit zuvorgekommen ist, bescheiden, diese Nachweise haben bereits andere übernommen und geführt. Elia Lombardini hat dies gezeigt in seinen Osservazioni storico-critiche sopra dell' origine del progresso della scienza hydraulica nel Milanese ed in altre parte d'Italia und nennt den Leonardo da Vinci il fondatore della scienza hydraulica ebenso wie Cialdi ihn als il fondatore della dottrina sul moto ondoso del Mare bezeichnet. Ferner haben viele Autoren der Hydraulik und Hydrostatik auf die Arbeiten des Leonardo Rücksicht genommen und seinen Namen ehrenvoll genannt.

Allein darauf ist bisher nicht der gehörige Nachdruck gelegt, dafs Leonardo ein ebenbürtiger Vorgänger des Stevinus und Galilei in Sachen der Hydrostatik gewesen ist — dies kann erst jetzt genauer nachgewiesen werden, wo aus Leonardo da Vinci's nachgelassenen Schriften Beweise dafür geschöpft werden, dafs er auch hierin, wie in den vielen andern Gebieten der mechanischen Wissenschaften seiner Zeit voran war und fast auf der Höhe der Anschauungen dieser genannten Männer schon fast 100 Jahre vorher stand. Kein Zweifel ist, dafs Leonardo*) die Schriften des Archimedes gelesen hatte und dafs er dessen Gesetze der Hydrostatik richtig erfafst hatte.

Seine Anschauungen über die molekulare Beschaffenheit des Wassers sind klar und deutlich. Er schildert diesen Zustand des Wassers mit absoluter Gewifsheit bei verschiedenen Gelegenheiten, zumal bei der Entwicklung seines Gesetzes der Wellenbewegung. Er vergleicht die sich von Atom zu Atom übertragende Bewegung durch irgend einen Stofs auf die Wasserfläche mit einem Zittern und fürchtendem Zurückweichen. Ebenso genau fafste Leonardo da Vinci die Verdrängung eines Quantums Wassers durch einen daraufgelegten schweren Körper auf. Ueber die Gravitation des molekulären Wassers drückt sich Leonardo so aus: la loro gravita è dupla, cioé che il suo tutto ha gravità attesta al centro delli elementi; la seconda gravità attende al centro d'essa sfericità d'aqua . . . . ma di questa non veggo nell' humano ingegno modo di darne scienza, ma dire come si dice della Calamita (Magnet) che tira il ferro, cioé che tal virtu é occulta proprietà, dellà quali n' è infinite in natura!

Wir haben hier den Satz mit Leonardo's eigenen Worten wiedergegeben, welcher die klare Anschauung der Molakularattraktion und der Gravitation enthält, dabei von natürlicher Beobachtung ausgeht und so schön die Unbegrenztheit dieser Naturkräfte ausspricht.

Ueber die Verdampfung des Wassers und die Sättigung der Luft mit Feuchtigkeit lehrt Leonardo mit denselben Grundsätzen. Er weifs, dafs Regen nicht statthaben kann ohne einen hohen Grad der Beladung der Luft mit Feuchtigkeit. Zur Ermittelung des Feuchtigkeitsgrades der Luft hat er eine Art Pluviometer konstruirt, den wir hier in Figur beibringen. Die eine der Kugeln ist mit Wachs die andere mit Baumwolle umhüllt, jene als Wasser abstofsend, diese als Wasser anziehend betrachtet.

Fig. 16.

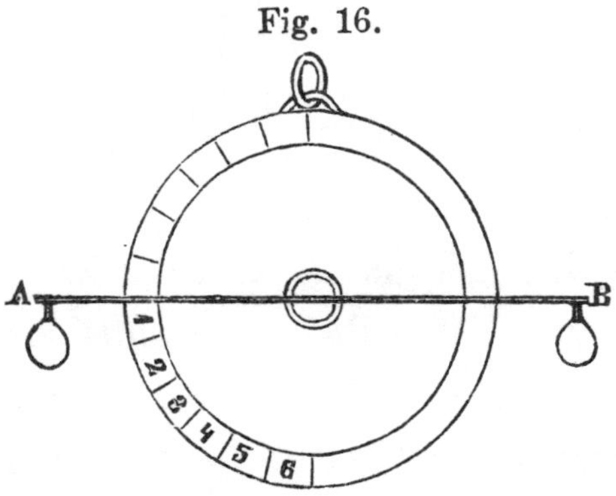

Eine seiner bedeutensten Beobachtungen ist aber das Gesetz der kommunizirenden Röhren, welches er so ausspricht: Le superfici di tutti i liquidi immobili li

*) Er zitirte Archimedes öfter.

quali in fra loro fieno congiunti, sempre fieno d'eguale altezza! Zugleich zeigt er durch zahlreiche Skizzen im Codex Atlanticus auf Blatt 314 u. a., dafs dies Gesetz durch keinerlei Formvariation der Gefäfse beeinträchtigt werde. (S. F. 17.) Ebenso zeigt er die Heber in den verschiedensten Gestaltungen und in ihrer Gesetzmäfsigkeit. Wir

Fig. 17.

können nicht umhin, hier einzuschalten, dafs Leonardo in der Figur bereits dasselbe that, wie Pascal 1653 vorführte. Leonardo zeigt weiter, dafs, wenn man zwei sich nicht mischende Flüssigkeiten in ein und dasselbe Gefäfs giefst, z. B. Wasser und Quecksilber (ariento vivo), dieselben sich nach ihrem Gewicht anordnen, und zwar so, dafs das Quecksilber unten bleibt, das Wasser darüber steht und dafs (bei kommunizirenden Röhren) sich diese beiden Flüssigkeiten ins Gleichgewicht einstellen. Ferner erklärt Leonardo, dafs die verschiedene Höhenanordnung eine Folge der verschiedenen Flüssigkeiten sei, und dafs die Flüssigkeit den Höhen umgekehrt proportional sei. Hierher gehört auch der Ausspruch des Leonardo, dafs das im Dampf vermittelst der Wärme *aufgelockerte* Wasser über die Oberfläche des kalten Wassers steige.

Ueber den Ausflufs der Flüssigkeiten aus Gefäfsen finden wir sehr viele Skizzen und Stellen bei Leonardo. Wenn Montucla den Castelli als „den Schöpfer eines neuen Zweiges der Hydraulik“ nannte, weil derselbe in seinem Werk della missura dell' Acqua Corrente (1638) Vieles über den Ausflufs des Wassers beobachtet hat und festzustellen sucht, so mufs dieser Annahme insofern widersprochen werden, als Castelli zunächst *unrichtig* annimmt, dafs *die Geschwindigkeit des Ausflusses sich wie die Tiefe der Oeffnung unter dem Wasserspiegel verhält*, sodann aber Leonardo bereits mehr als hundert Jahre vor ihm der richtigen Lösung dieses Gesetzes nahe war. Auch für den Heber gibt Leonardo genau an, dafs sich die Ausflufsgeschwindigkeit aus dem Heber richte nach der Differenz zwischen der freien Ausflufsöffnung des unteren Schenkels und der Oberfläche der Flüssigkeit, in welche der andere Arm eintaucht. Er beobachtete, wie in einem Fafs, wenn man im Boden ein kleines Loch bohre, die Wassersäule über demselben in Bewegung gerathe, nicht aber an den Seiten, und dafs bei einem in Rotation versetzten, mit Wasser gefüllten Gefäfs das Wasser an den Wänden hinaufsteige, — eine Folge der Zentrifugalkraft. —

Er kommt auf das erstere Beispiel mehrere Male zurück (z. B. in F. 12), und zeigt: „dafs je kleiner das Loch am Boden des Gefäfses sei, eine um so gröfsere Kraft der Strudel gewinne. Die Höhle des Strudels ist grader gegen den Boden gerichtet als gegen die Oberfläche des Wassers, weil das Wasser mehr Druck ausübt nach dem Grunde hin als nach der Oberfläche.“ — „Wenn sich das Wasser nicht *über* der Luft halten kann, — wie bildet es dann einen Strudel, so dafs das Wasser selbst einen Wall um eine Höhlung bildet, welche nur Luft enthält? — Wir haben gezeigt, dafs jeder schwere

Körper sich ausbreitet zufolge der Schwere in dem Sinne, gegen welchen er sich bewegt. Daher sind die Strudel hohl wie die Pumpenrohre. Das Wasser, welches die Wandungen der Höhlung bildet, hält sich dort so lange, als die Rotation dauert, welche sie gebildet hat. Während dieser Zeit wiegt das Wasser in Richtung seiner Bewegung. Die Partien, welche dem Zentrum der Bewegung näher sind, drehen sich mit mehr Schnelligkeit als die entfernteren. Dies Phänomen ist höchst eigenthümlich; denn die Partien eines Rades, welches sich um seine Achse dreht, bewegen sich um so langsamer als sie dem Zentrum näher sind. Die Erscheinung beim Strudel ist also gerade umgekehrt. Wenn das nicht sein würde, müfste sich die Höhle mit Wasser ausfüllen. In dem Wasser, welches die Wandungen der Höhlung bildet, wirken zwei Gravitationen. Die eine bewirkt die Kreisbewegung des Wassers, die andere aber bildet die Wandungen der Höhlung, welche ihrerseits auf die Luft in der Höhlung drücken und den Strudel enden, indem sie in die Höhlung einstürzen.“

Venturi, der diese Sätze kannte, legte sie seinen späteren Versuchen zu Grunde, die er 1797 veröffentlichte. Venturi ist entzückt über die klare Vorstellung des Leonardo und sagt: „Enfin non-seulement Vinci avoit remarqué tout ce que Castelli a dit un siècle après lui sur le mouvement des eaux; le premier me paroît même dans cette partie superieur de beaucoup à l'autre, que l'Italie cependant a regardé comme le fondateur de l'Hydraulique.“ Was Venturi hier vor 86 Jahren ausspricht, ist heute durchaus anerkannt.

Die italienischen Autoren*) haben Vinci die Palme in hydraulischen Dingen vor dem Castelli zuerkannt. Sie gebührt ihm indessen nicht allein der bisher berührten Gesetze wegen, sondern auch ganz besonders seiner trefflichen Theorie der Wellenbewegung des Meeres wegen! auf die wir nunmehr hier eingehen wollen. Wir folgen dabei der erschöpfenden Arbeit von Cialdi, betitelt: Leonardo da Vinci, fondatore della dottrina sul moto ondoso del Mare, welche mit Lust und Liebe den Nachweis führt, dafs Leonardo der erste gewesen, welcher eine Wellentheorie aufstellte, und nicht Newton, de l'Emy, Montferrier und Laplace. Hat man sich in das Wesen der Arbeit und Betrachtungsweise des Leonardo eingearbeitet, so scheint es so naheliegend, dafs sich dieser erste Hydrauliker von Bedeutung auch mit der Frage der Entstehung der Wellen des Meeres beschäftigt habe. Angefochten kann nach Cialdi's und Boccarde's Untersuchungen nicht mehr werden, dafs Leonardo so viel früher das erste Fundament der hydraulischen Wissenschaft legte, als die Arbeiten von Newton, la Hire, Laplace, Lagrange, Biot, Poisson, Cauchy erschienen. — Leonardo sagt:

„L'onda ha moto riflesso ed incidente; il moto riflesso è quello che si fa nella generazione dell' onda, dopo la percussione dell' obietto, risaltando ed elevandosi l'acqua verso l'aria, nel qual moto l'onda acquista la sua altezza etc. — Il moto incidente dell'

*) Es ist ein grofser Mangel, dafs z. B. Ewbank in seinem „Descr. and histor. account of Hydraulic and other machines for raising water“ nichts von Leonardo da Vinci kennt, während er Venturi's Arbeiten zitirt.

onda é quello che fa l'onda dal colmo della sua altezza all' infimo della sua bassezza, quale non é causata da alcuna percussione, ma solo dalla gravita acquistata dall' acqua fuori del suo elemento etc.

Quanto più alte sono l'onde del mare dell ordinaria altezza, della superficie della sua acqua, tanto più bassi sono li fondi delle valli interposte infra esse onde. E questo è perché le gran cadute delle grandi onde fanno grandi concavitá di valle. — La valle interposta infra le onde è più bassa che la comune superficie dell' acqua. Questa è manifesta per la passata, e l'esperienza ce lo dimostra, come si vede nell' acqua che ricade a riempire li luoghi percossi dalle cadute dell' acqua etc.

Ganz ähnlich erklärt Newton;*) ganz ähnlich Giorgio Juan, Montferrier, l'Emy, Bertin. Letzterer erklärt: „Die absoluten Dimensionen der Wellen, seien es mittlere oder maximale, nach Breite oder Höhe, können nicht anders als durch die Erfahrung bestimmt werden, nicht allein weil die Hauptursache, von der diese Dimensionen abhängen, z. B. die Macht des Windes und die Dauer seiner Wirkung, selbst durch Erfahrung bestimmt werden müssen, sondern auch, weil man kein Mittel besitzt, den Effekt eines bestimmten Windes theoretisch zu bestimmen, für eine gegebene Zeitdauer seines Wehens über das Meer hin." **)

Leonardo erklärt die Welle so: „Die Welle ist der Eindruck (die Folge) des Stofses (percussione) reflektirt vom Wasser; sein Angriff (impeto) ist viel schneller als das Wasser. Daher flieht oftmals die Welle den Ort ihrer Entstehung, und das Wasser selbst bewegt sich nicht vom Platze. Die Aehnlichkeit der Wellen ist grofs mit den Wellen, die der Wind in einem Kornfeld hervorbringt, welche man auch sieht über das Feld hineilen, ohne dafs das Getreide (biade) sich vom Platze bewegt."

Eine Definition der Wellen kann nicht erschöpfender und klarer sein als diese, und folgedessen ist auch die Aehnlichkeit der Erklärungen aller jüngeren Gelehrten (l'Emy Sganzin, Reibell) mit derselben sehr grofs. Fevre hat hier noch sogar das Beispiel des über ein Getreidefeld hinfahrenden Windes wiedergebraucht.

Drei Jahrhunderte nach Leonardo erklärte Goimpy die Welle als eine horizontale Bewegung in den Wafsermoleculen, welche dieselbe bilden. Er sucht dies durch Experimente und Spekulationen zu beweisen; allein umsonst. Tessan stellte sodann gegen alle bisher angenommene Theorie die Existenz einer horizontalen Bewegung in den Moleculen des Wafsers auch ohne Einwirkung des Windes auf. Auch Leonardo hatte diese Ideen: „Oftmals geht die Welle schneller als der Wind, und oftmals ist der Wind schneller als die Welle. Das erfahren die Schiffe auf dem Meere in Wellen, die schneller sind als der Wind. Es kann dies herrühren davon, dafs die Welle entstand von einem

*) Newton, Mathemat. Prinzipien. Von Prof. Dr. Wolfers, Berlin, Oppenheim 1872. pag. 360.

**) Wir bemerken, dafs viele Sätze in den späteren Schriften besonders der französ. Gelehrten fast genau wiedergegeben zu sein scheinen.

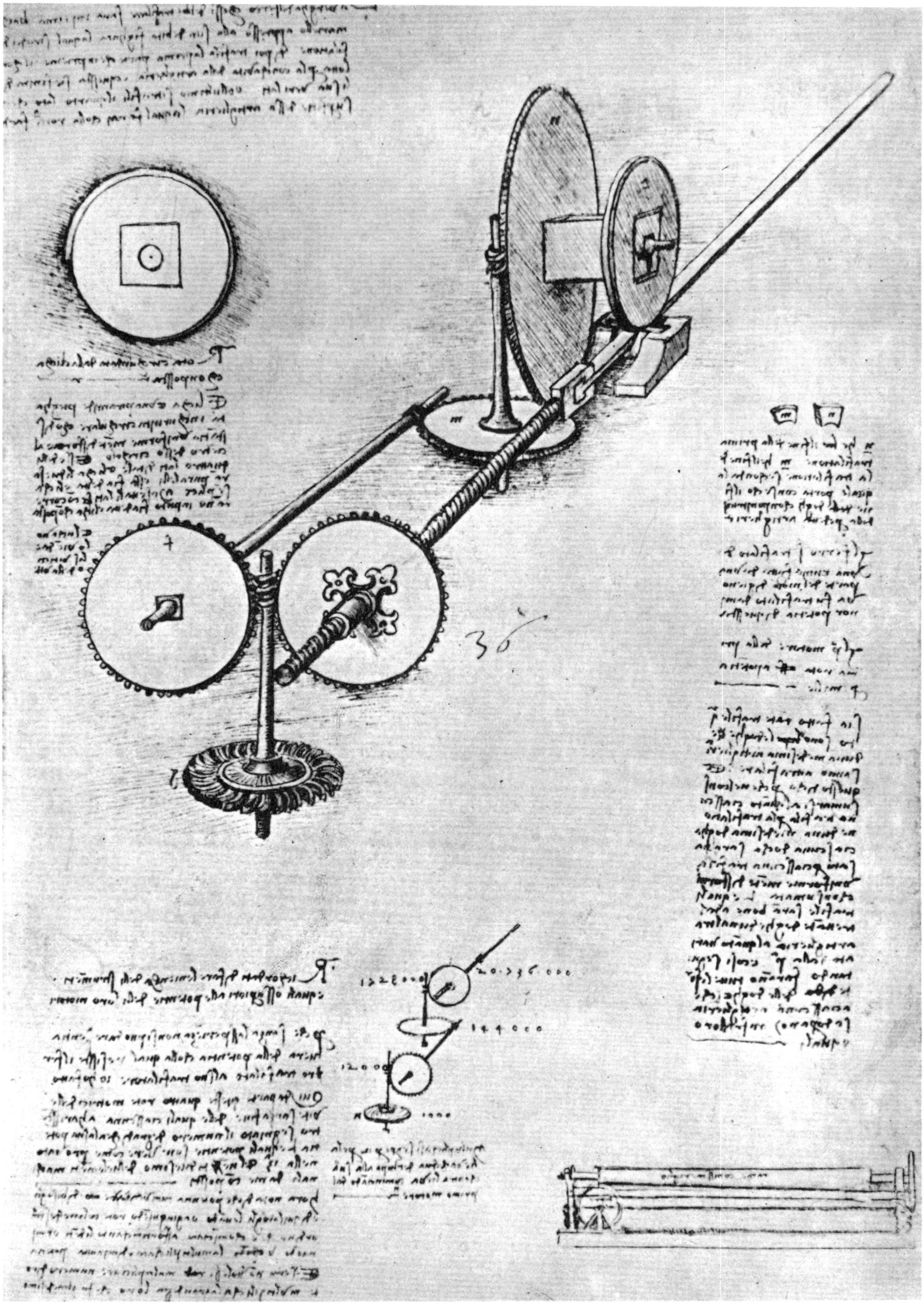

Durch ein horizontales Wasserrad betriebene Maschine zum Ziehen von Stäben für Kanonenrohre

grofsen Wind, und nachdem der Wind leichter geworden, hat die Welle noch eine grofse Gewalt zurückbehalten. Das Wasser kann nicht so plötzlich seine Wellen in sich aufnehmen, weil beim Herabfallen des Wassers vom Gipfel zum Thal sich die Geschwindigkeit, die Kraft und Bewegung erneuet.“

Die Phänomene der Erscheinung von Wellen ohne oder mit direktem Antrieb durch Winde sind Gegenstand vieler Betrachtungen geworden von Reid, Redfield, Piddington, Blay, Dampier, Dumont d'Urville, Poterat, Keller, Zurcher, Gevry u. a., zumal jene Wellen, welche entstehen, ohne dafs ein Windstrom bemerkbar.

Leonardo geht nun auf die Wellenbildung in Richtung gegen den natürlichen Strom des Wassers in Flüssen ein und spricht das aus, was Spätere wiederholten (Sganzin und Reibell), dafs die Welle nicht den natürlichen Lauf der Flüsse alterire, obgleich sie sich gegen diese Flufsrichtung bilden und bewegen könne. Er geht sodann ein auf die Entstehung der Wellen, wenn man einen Stein etc. in das Wasser werfe. Schon zuvor bemerkt er, dafs zwei Wellen durcheinander hindurchgehen könnten. Der Fall der Wellenerregung durch das Einwerfen der Steine bietet dem Leonardo Gelegenheit zu einer äufserst klaren und durchaus richtigen Deduktion. Er zeigt dies auch graphisch für den Fall, dafs zu gleicher Zeit in einer geeigneten Entfernung von einander zwei Steinchen von gleicher Gröfse in ein stillstehendes Wasser geworfen würden. Es entstehen dann zwei „separate quantità di circoli.“ Wenn diese Menge der Kreise wächst, so begegnen sich die einzelnen Kreise beider Systeme, und nun sagt Leonardo: „Domando, ich frage, ob, wenn ein Kreis im Anwachsen sich begegnet, mit dem entsprechenden andern Kreis, er eintritt in dessen Wellen sie durchschneidend, oder ob die betreffenden Berührungsschläge unter gleichen Winkeln reflektiren? Questo è bellissimo quesito, e sottile!“

Fig. 18.

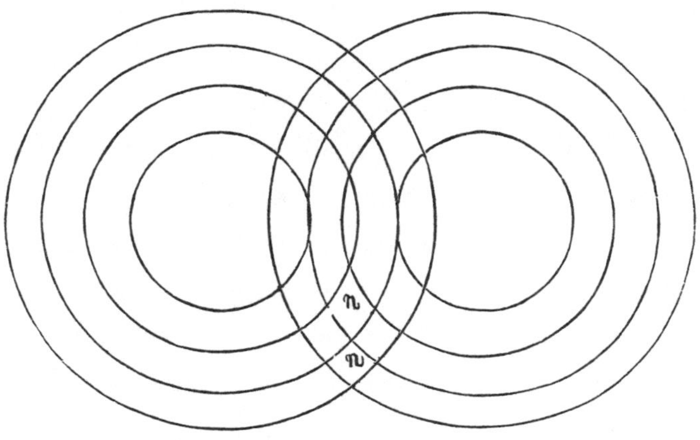

Darauf antwortet Leonardo selbst mit einer subtilen Auseinandersetzung, die beweist, dafs sich die begegnenden Wellen durchschneiden. Hierbei gibt er eine wunderschöne Darstellung über die Entstehung der Wasserbewegung durch den einfallenden Stein, wie das Wasser anfangs durch den schweren Körper verdrängt wird, wie die Flüssigkeit die Oeffnung wieder ausfüllt und dabei in Bewegung geräth, „che si puo piuttosto dimandare tremore che movimento. Man kann dies dadurch am besten zeigen, dafs man einen Strohhalm (festuche) auf die Kreise wirft und beobachtet, wie derselbe fortwährend von der Wellenbildung bewegt wird, ohne den Ort zu ändern. So ist es auch mit dem Wasser der Wellen.“ Nun fährt er fort zu erklären, dafs, indem alle benachbarten Theile der Flüssigkeit von dem Tremolando ergriffen werden, sich immer weitere Kreise ziehen, aber wie immer mehr die Kraft erlischt, bis sie aufhört zu wirken. Und nun knüpft Leonardo daran, dieses Beispiel auf die Luft und den Schall zu gebrauchen! und die grofse Konformität der Erscheinurgen im Wasser mit denen in der Luft zu bezeichnen.

„Die Schallwellen in der Luft entfernen sich mit kreisförmiger Bewegung von dem Orte ihrer Entstehung, und ein Kreis begegnet und passirt den anderen, immer aber das Zentrum der Entstehung beibehaltend!" Diese Darstellungen (vide die bezüglichen §§ 162 und 170 in Eisenlohr's Lehrbuch der Physik (7. Aufl.) und Fig. 200*) stehen so vollkommen auf der Höhe unserer Zeit, dafs die Interferenzlehre in der That durch Leonardo bereits präzisirt erscheint; wir bedienen uns noch desselben Beispiels. —

Leonardo stellt weiter den Satz auf: „dafs die brandende (titubante) Welle eine solche ist, welche vom gegenseitigen Ufer reflektirt ist und welche in dieser Reflexion um so viel vermindert ist, sich mit sich selbst zusammengiefst und die Kraft (impeto) verliert, welche sie bewegte." (Man sehe die späteren Gelehrten Emy, Sganzin, Reibell, Minard, Bazin.) Ferner: „Die reflektirte Bewegung der Welle auf dem Wasser verändert um so viel die reflektirte Bahn, als die Körper, welche die inzidente Bewegung empfangen, geneigte Flächen haben (varii obietti in obliquità)." Es ist das derselbe Lehrsatz, den wir auszusprechen pflegen: „Eine Welle wird unter demselben Winkel von einer ebenen Wand zurückgeworfen, unter welchem sie auffällt." Hierzu gehört: „Eine Welle ist nie allein, sondern gemischt aus so vielen Wellen, als aus der Unegalität des Körpers folgten, von welchem solche Welle kommt."

Mr. l'Emy schliefst sich besonders eng an Leonardo an, ohne seinen Namen zu nennen, und kaum ist es glaublich, dafs eine solche Gleichheit der Ansichten von selbst entstehe. Emy hat sowohl den vorstehenden Satz zum Gegenstande besonderer Abhandlung gemacht, als auch folgenden, — den auch Frissard anführt. Leonardo zeigt darin, dafs die Wellen von der Oberfläche des Wassers in verschiedener Weise in demselben Wasser, zur selben Zeit und mit verschiedener Gestalt entstehen können. Ferner: „Die Welle des Meeres bricht gegen das Wasser, welches vom Ufer zurückgeworfen ist, und nicht gegen den Wind, welcher es tanzen macht. Der Eindruck von Bewegung im Wasser durch Wasser ist permanenter, als der Eindruck des Wassers von der Luft."

Wir führen nun die Stellen an, von denen Calvi sagt: dafs, wenn Leonardo jene Lampe gesehen haben würde, die den Galilei auf die Pendelgesetze hinwies, er gewifs die Aehnlichkeit der Schwingungen mit der Wellenbewegung gesehen haben würde. Er sagt: „Der Beginn der Welle bei der inzidenten Bewegung ist schneller und das Ende der reflektirten Bewegung langsam. Die inzidente Bewegung ist kräftiger als die reflektirte. Die Bewegung des Thals der Welle ist schneller, aber ihr Berg langsam. Daraus folgt, dafs das Thal die inzidente und der Berg die reflektirte Bewegung ist. Die Welle wird sich um so mehr bewegen, als sie sich bewegt, um so mehr sich aus-

*) So auch Poncelet, Sganzin, Reibell u. A.

breiten, als sie geschwinder ist. Denn die Welle entsteht durch die Reflexion, und die reflektirte Bewegung endigt in der Linie der Inzidenz. Die Welle hat Zeit sich zu vertiefen und auszubreiten, wenn sie übergeht von der Reflexion zur Inzidenz, und empfängt um so viel mehr Geschwindigkeit, als die Bewegung der Inzidenz kräftiger ist als die reflektirte.“ Hieran schliefsen sich noch eine Reihe Betrachtungen über die Bewegung zweier gleicher oder ungleicher Wellen u. s. w., Gesetze, welche später von Mr. l'Emy u. A. weiter ausgeführt sind, ohne mehr zu sagen, als Leonardo gibt. Vinci zeigt schliefslich noch das Spiel der Wellen am Ufer, wie keine Welle die letzte sei, sondern immer die vorletzte auf sie heranrücke u. s. w., wie ferner die Wellen die mitgeführten Körper sortiren und in Reihen anhäufen. Die inzidente Wellenbewegung bewegt die gröfseren Steine, und die reflektirte ist nicht im Stande, dieselben zurückzuziehen, wohl aber folgen die kleineren Dinge den letzteren und der Sand ist der Spielball der beiden Bewegungen. Wir wollen Leonardo's eigene Worte über die Arbeit der Wellen folgen lassen: „Il moto che il mobile riceve è quando veloce, quando tardo, e quando si volta a destra e quando a sinistra ora in su, ora in giù rivoltandosi, e girando in se medesimo ora per un verso, ora per un altro obbendendo a tutti i suoi motori e nelle battaglie fatte da tali motori sempre ne va per preda del vincitore!“ — —

Wir führen endlich zum Schlufs dieses Abschnitts noch an, dafs Leonardo die Idee der artesischen Brunnen ausführte und dazu einen Erdbohrer konstruirte, Trivella per forar pozzi alla Modenese, welcher in den Manuskripten erhalten ist und den wir hier zufügen. Ferner hat Leonardo sehr viel hydraulische Maschinen, Pumpen, Wasserräder, Wasserpressen, Schnecken etc. etc. konstruirt und nebst seinen trefflichen Kanal- und Schleusenskizzen uns nachgelassen.

Fig. 19.

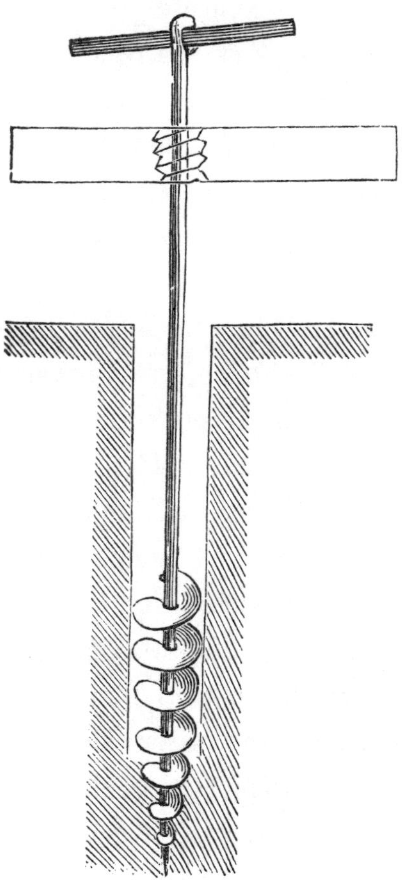

Davon im späteren Abschnitt „Maschinen“ soweit es die effektiven Konstruktionen betrifft.

Leonardo war bei seinen praktischen Ingenieurarbeiten für die Hydraulik gezwungen, die Wassermassen für Ab- und Zuflufs zu berechnen; er that dies in einer Weise, die auch heute noch genügen könnte. Er stellte 14 Bedingungen auf, nach welchen sich die Ausflufsmenge eines Kanals richtet. Er berücksichtigt dabei sowohl die Form und Oberfläche der Kanäle, Rohre etc., als die Richtung, den Querschnitt der Mündung u. s. w., endlich auch die Rolle der Luft dabei. Drastisch bemerkt er: „Sowie ein Strumpf (calze), welcher das Bein bekleidet, nicht mehr dessen Aussehen verräth, so zeigt auch die Oberfläche des Wassers nichts von der Beschaffenheit des Bodens im Kanal.“

VIII.

Leonardo's Ideen über die Luft waren ebenfalls die klarsten. Er hatte gefunden, dafs die Luft ein Körper aus mehreren Bestandtheilen komponirt sei, der Gewicht habe und Elastizität und aus Molekulen bestehe. Er fand, dafs Körper in ungleich dichter Luft ungleiches Gewicht hatten. Er erkannte die Zusammendrückbarkeit der Luft und vergleicht dieselbe einem Federkissen, das der Schläfer zusammenpresse. Er spricht aus, dafs, wenn irgend eine Kraft einen Gegenstand in Bewegung setze, schneller als die Luft ausweichen könne, so entstehe eine Kompression der Luft. Wie nahe war Leonardo den Entdeckungen des Toricelli, Galilei u. s. w. Vielleicht auch hat er, der das Gleichgewicht der flüssigen Körper so gründlich studirt und dargestellt hat, auch bezüglich der Luft gleiche Grundanschauungen gehabt, zumal, wie wir gesehen haben, er oftmals darauf hinweist, wie sich die Gesetze für das Wasser zur Luft verhalten, und weil er sich so hoch in seinen Ideen emporschwingen konnte, den Schall und das Licht auf die Wellenbewegung zurückzuführen. Vielleicht auch finden wir später noch in seinen zahlreichen Manuskripten desbezügliche Stellen. —

Hier wollen wir darüber des näheren berichten, dafs Leonardo über die Rolle der Luft bei der Verbrennung vollkommen klar war und mit uns in seinen Anschauungen auf gleichem Boden stand.

In dem Mailänder Codex handelt Leonardo ab über die Flamme und die Luft. — Betrachten wir zuerst die Anschauung der ihm folgenden Zeit, so finden wir, dafs allgemein angenommen ward, dafs die Luft bei der Verbrennung nur dazu diene, um die Hitze an dem Brennstoff zu konzentriren, und dieser Ansicht huldigten die Physiker mit Muschembroek, der dieselbe besonders ausgesprochen hatte, allgemein.

Fig. 20.

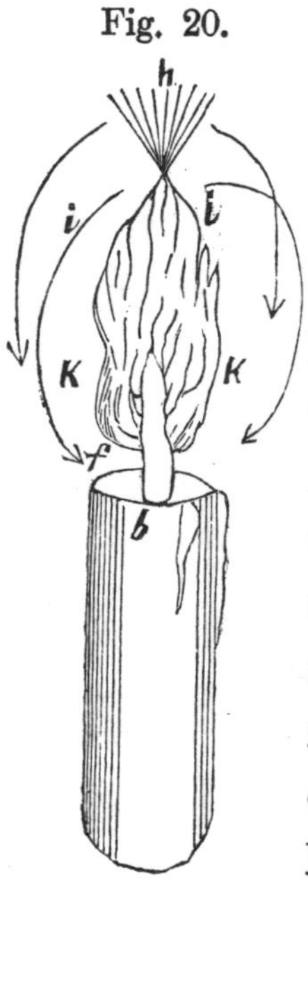

Erst 1623 sprach Roger Bacon in seinem Novum Organon aus, dafs die Luft die Ernährerin der Flamme sei, und Robert Boyle bewies dies experimentell 1672. Auch Descartes hat 1644 in seinen Prinzipien der Philosophie IV. § 95 cf. speziell über den Vorgang des Brennens einer Kerze abgehandelt; aber indem er sich bestrebte, den Vorgang mit Hilfe seiner Wirbeltheorie zu erklären, kam er auf die Idee, dafs die Luft von den nach oben strebenden losgelösten Dochttheilchen und dem Rauch *H* nach unten gestofsen würde und bei *F* und *K* an die Flamme heranträte. Hätte nicht jene Theorie dem Descartes die Augen verschlossen, so würde er seinen Satz: „Diese Luft umspielt die Spitze der Kerze *B* und den Grund des Dochtes *F* und dient, indem sie zur Flamme tritt, zu deren Ernährung. Sie würde jedoch bei der Dünne ihrer Theilchen dazu nicht hinreichen, wenn sie nicht viele Wachstheilchen, welche die Hitze des Feuers bewegt, durch den Docht mitnähme. So mufs die Flamme stetig erneuert werden, um nicht zu verlöschen" — wohl in anderer Weise vollendet haben, der in der That zeigt, dafs Descartes wohl wufste, dafs die Luft die Ernährerin der Flamme sei. — Stahl vernichtete später auch diese schon besseren Anschauungen, und erst Lavoisier war es aufbehalten, die Boyle'schen Anschauungen wieder hervorzuholen und zur Geltung zu bringen. — Nun höre man Leonardo über denselben Gegenstand:

„Wo eine Flamme entsteht, da erzeugt sich ein Windstrom um sie; dieser Luftstrom dient dazu, sie zu erhalten, die Flamme zu vergröfsern. Ein stärkerer Luftstrom dient dazu, die Flamme leuchtender zu machen. Das Feuer zerstört ohne Unterlafs die Luft, welche sie ernährt, es stellt ein Vakuum her, wenn andere Luft nicht herzuströmen kann, dasselbe auszufüllen!" —

„Sobald die Luft nicht in dem geeigneten Zustand sich befindet, die Flamme zu erhalten, kann in derselben so wenig irgend ein Geschöpf der Erde noch der Luft leben als die Flamme. Kein Thier kann leben in einem Orte, wo die Flamme nicht lebt."

„In dem Zentrum der Flamme eines Lichtes bildet sich ein Rauchkern, weil die Luft, welche in die Komposition der Flamme eintritt, nicht bis zur Mitte vordringen kann. Sie gelangt an die Oberfläche der Flamme, sie kondensirt sich dort; indem sie Nahrung für die Flamme wird, formt sie sich in sie um und läfst einen leeren Raum übrig, welcher sich successive mit anderer Luft füllt."

An einer andern Stelle sagt Leonardo:

„Es kann eine Flamme nicht leben, wo nicht leben kann ein athmendes Thier. Die Flamme erzeugt ein Vakuum, und die Luft eilt herbei, solches Vakuum zu ersetzen. Das Feuerelement verzehrt unablässig die Luft zu dem Theil, welcher sie nährt (nutrica), und es wird ein Vakuum sich bilden, wenn nicht neue Luft herzuströmt, dieses auszufüllen. Der Rauch bildet sich in der Mitte der Kerzenflamme. Die Flamme disponirt zuerst die Materie, welche sie ernähren kann, und kann sich dann davon ernähren. Ein übermäfsiger Wind tödtet die Flamme, ein mäfsiger ernährt sie."

Diese klaren und deutlichen Erklärungen sind in der That staunenswerth! Ist es nicht klar, dafs Vinci die Eigenschaften der Luft kannte und aus Experimenten sicher war über die Rolle der Luft bei der Verbrennung? Wenn wir an den einzelnen Sätzen nur anstatt der Luft, Sauerstoff der Luft setzen — so haben wir unsere heutige, von der Wissenschaft anerkannte Erklärung. Ja, aus dem zweiten Satze, wo er von einem „geeigneten Zustand" der Luft redet, können wir herauslesen, dafs Leonardo eine Ansicht über den zusammengesetzten Bestand der Luft hatte. Bedenken wir, dafs die Chemie so weit zurück war in ihrer Entwickelung, dafs ja an eine Zusammensetzung der Luft erst mehr als 250 Jahre später gedacht ward und dann ihre Bestandtheile nachgewiesen wurden, so können wir uns keine klarere Anschauungsweise und keinen bestimmteren Begriff denken über die Luft in ihrem Verhältnifs zur

Verbrennung, als Leonardo hier gegeben hat. Er hat diese Lehre auch in anderen Manuskripten weiter beleuchtet und durchdacht und gibt (in Vol. C. Ambrosiana) Abbildungen, um die Rolle des Luftstroms analog dem dritten Passus seiner obigen Erklärung klar zu machen. In Fig. 22 zeigt Leonardo den entstehenden Zusammenstofs zweier Flammen und markirt dabei die Punkte deutlich, wo eine Verbrennung nicht statt hat. Eine Vergleichung dieser Figur mit der obigen von Descartes gegebenen (der wir die Pfeile entsprechend seiner Darstellung zufügten), zeigt, dafs da Vinci's Ansicht der des Descartes etwa entgegengesetzt ist.

Fig. 21.

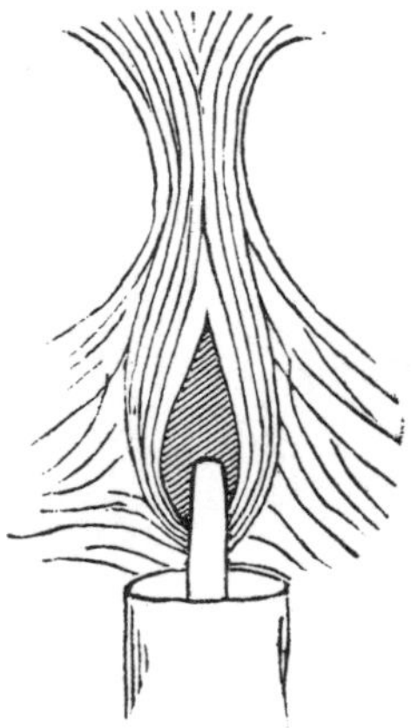

Fig. 22.

Fig. 23.

Fig. 24.

Höchst interessant ist aber, dafs Leonardo da Vinci in seinen Versuchen, die Lichtstärke zu erhöhen, auf die Entdeckung der Lampencylinder und Lampenglocken gekommen ist, welche man dem berüchtigten Lange (1784) zuschreibt (dem unberechtigten Fabrikanten der Argandlampe, Quinquet) und dem Philippe de Girard 1804. Leonardo setzt die Wirksamkeit eines Cylinders auseinander, indem er sagt, dafs der Cylinder der Flamme Gelegenheit gebe, zu exhaliren und sich zu ernähren. Das Ausgestofsene (esalmento) bewegt sich dann in der Mitte nach oben, während die nahrunggebende Luft von den Seiten und von untenher zuströmt. Leonardo gibt auf fol. 79 C. A. und auf anderen Blättern mehrere Ideen zur Sache, bis er in dem vollständigen Entwurf einer Lampe mit Cylinderöffnung das Gewünschte (Fig. 23, 24) erreicht. Merkwürdigerweise schreibt er auf die beiden Hälften der Glocke aqua aqua, weil er die Glocke und Cylinder als einen Körper betrachten will, dessen hohler Raum mit Wafser erfüllt ist. Leonardo gibt auch ein Rezept, um diese Glocken zu fabriziren (fare questa palla). Questa palla, essendo di vetro sottile e plena d'acqua, renderà gran lume! —

Die Eigenschaften der Luft wendete Leonardo auch an bei dem von ihm erfundenen Schwimmgürtel, und bei dem Helm für den Perlentaucher setzt er das Innere desselben mit der äufseren Luft durch einen Schlauch in Verbindung, dessen Ende auf der Oberfläche des Wassers mittelst eines Brettes schwimmt (Fig. 25 s. umstehend). Hervorragend und auf Kenntnifs der Eigenschaften der Luft basirt sind die zahlreichen Versuche und Betrachtungen, welche Leonardo anstellte über den Flug der Vögel und die Luftschiffahrt.

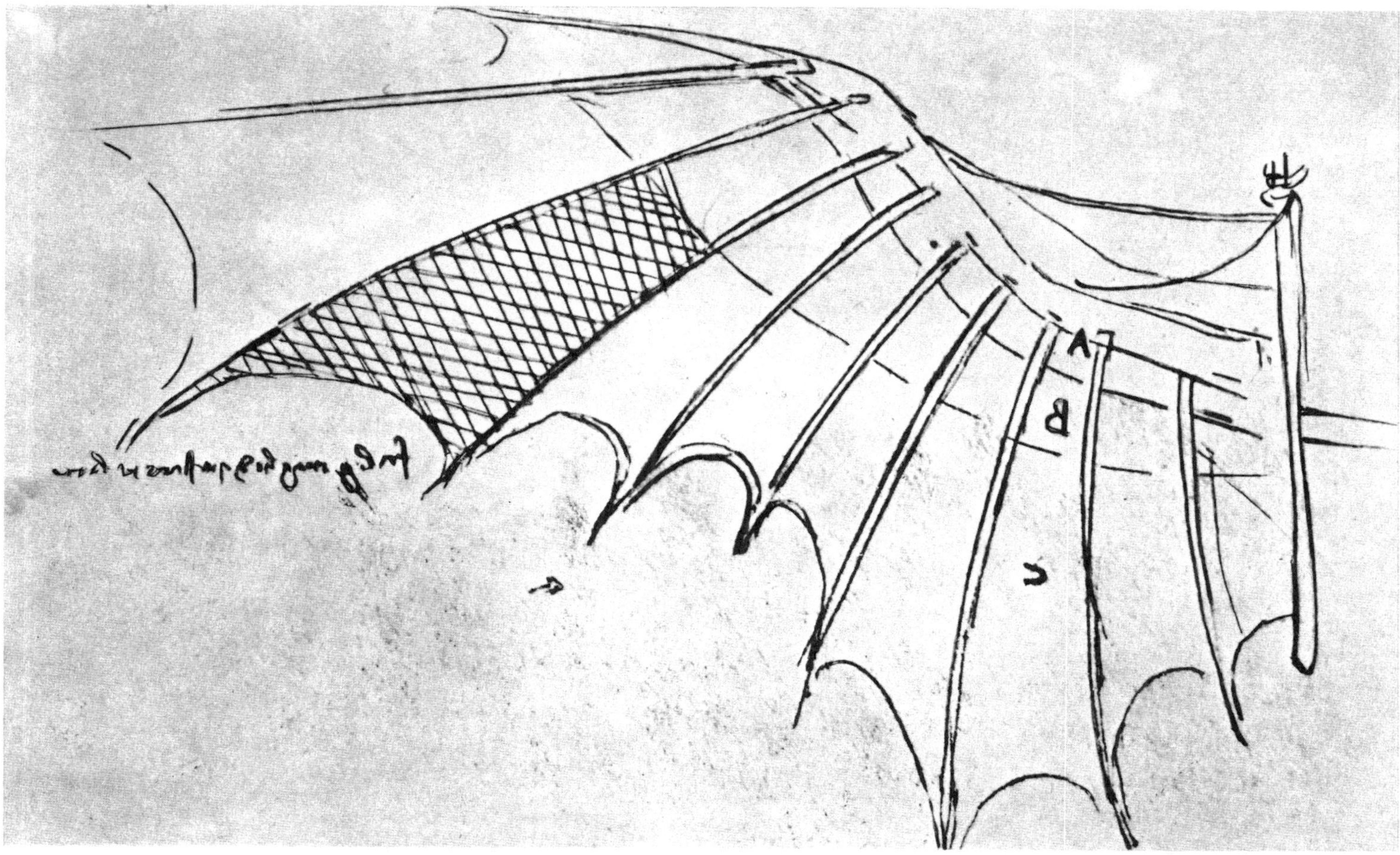

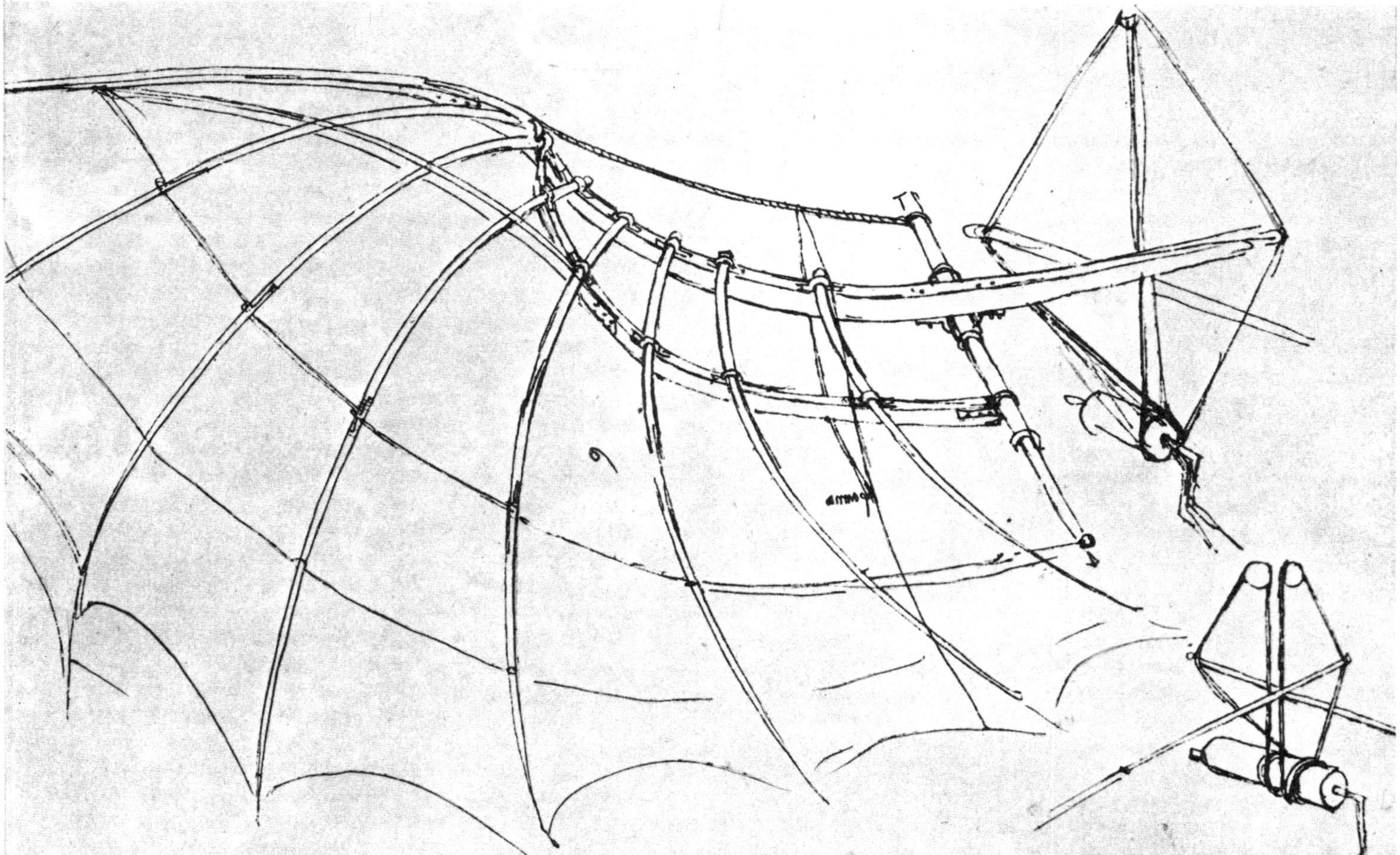

Oben: Gerippter, zum Teil mit Taft bespannter Flügel
Unten: Kurbelgetriebe für den Flügelschlag

Es scheint dies ein Lieblingsthema für ihn gewesen zu sein. Wir haben im Codex Atlanticus allein an 100 Skizzen für diese Ermittelungen gefunden; viele stehen in den Pariser Bänden, mehreres in den Londoner. Die Zeit, in welche hauptsächlich diese Betrachtungen fallen, ist die seines Aufenthaltes in Rom 1514, als Leonardo es nicht über sich gewinnen konnte, für Leo X. ein Gemälde zu malen, und unter allerlei Ausflüchten den päpstlichen Auftrag hinhielt, — als Leonardo ferner in Rom gesehen, dafs neben ihm die Giganten der Kunst Michel Angelo und Raphael erschienen und mächtig geworden waren. Eine Art muthloser Träumerei hatte ihn beschlichen; muthvoll war er niemals und zufrieden mit seinen Werken noch weniger. So trieb er denn damals seine Scherze mit Flugversuchen und und setzte das Publikum in Erstaunen mit seinen fliegenden Wachsfiguren. (Vasari er-

Fig. 25.

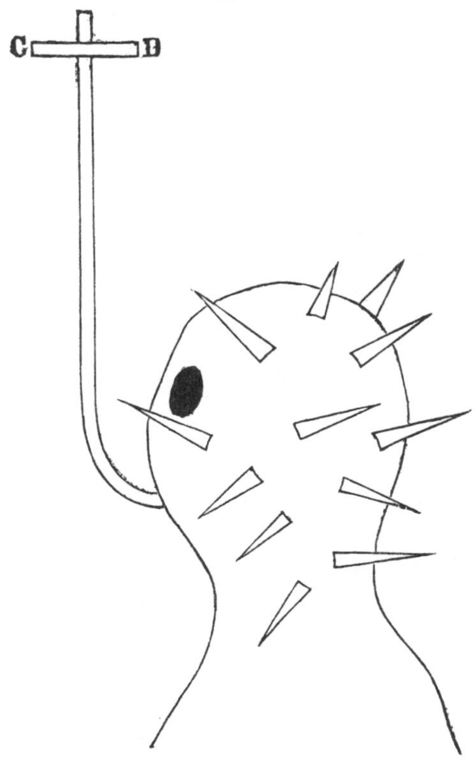

Fig. 26.

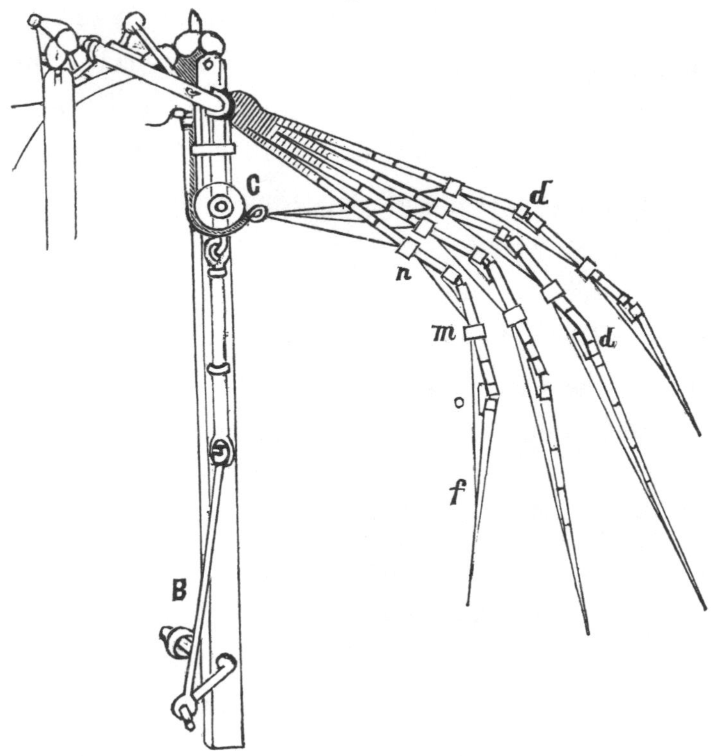

zählt auch von einer Eidechse, die Leonardo mit Flügeln ausstattete und grofsen Augen, einem Bart und Hörnern, alles beweglich durch Belastung mit Quecksilber bei Bewegungen des Thieres — und die er in einer Büchse mit sich herumtrug.) Aber der Kern zu diesen Versuchen war wieder ein hochernster, denn Leonardo ging in rationellster Weise zu Werke, die Umstände zu ergründen, welche die Flugfähigkeit ermöglichen. Er war der Erste auf dieser Bahn, die nur Roger Baco vor ihm spekulativ und auf Grund seiner Anschauungen über das Wesen der Luft betreten hatte. Rührend erzählt uns Leonardo, wie schon in seiner Knabenzeit ihn die Vögel erfreut haben, wie ein Geier (Nibbio) ihm schon in der Wiege einen Besuch gemacht habe. Schon in Florenz kaufte Leonardo Vögel, um ihnen die Freiheit wieder zu schenken, und so auch sah man ihn, wie Vasari erzählt, in Rom oft mit Bauern und Käfigen beladen, die er für theures Geld zusammengekauft, dem Thore zueilen, um die gefangenen Vögel frei zu machen. Mit diesem grofsen und warmen Herzen für die Thiere verband er aber eine Theilnahme an der Art ihres Lebens, so auch an ihrem Fluge. Dazu trieb er die Anatomie des Vogelkörpers und zumal der Flugorgane so eingehend, wie es zu seiner Zeit wohl kaum jemand gethan haben möchte. Aus diesen Studien gingen dann seine Entwürfe von Flügeln hervor, die, stark genug konstruirt, einen Menschen heben könnten. Wir geben aus solchen Studien die obenstehende Figur 26 wieder. Man sieht die sorgsame Gliederung der 5 einzelnen Finger-ähnlichen Extremitäten mit Gelenken *o r* und den Bändern *m n*, welche gleichsam die Sehnen von *f* an führen und vereinigt an einem Muskelhebel, hier die Scheibe *C*, *o* mit Seil. Die Bewegungen der Finger bewirken die Mechanismen einmal bei *A*, wo die Hand der Finger mit Charnieren befestigt ist und ihren stützenden Punkt erhält, den Drehpunkt des Hebels, den Hand und Finger bilden, — sodann bei *B*, wo eine Schubstange mittels Kurbel und Pleuelstange den Arm dieser Flughand auf und nieder bewegt, wobei die Scheibe *C* empor geht und die Sehnen frei läfst, so dafs die Federgürtung *d* der Finger wirken kann und diese geradegestreckt werden. Beim Herabzug aber wird die Luft von den gewölbeartig sich rundenden Fingern festgehalten und am Ausweichen gehindert. Wie kann man diese Momente des Fluges besser erfassen und zur Ausführung bringen? Leonardo projektirte zugleich, die Finger mit weichen Federn zu bekleiden. Unablässig suchte er nach Verbesserung solcher Kombinationen und stellte auch Versuche für ihre Bewährungen an. Eine Figur (auf Fol. 372 C. A.) lehrt uns eine geistreiche Ermittlung des Einflusses des Flügels kennen, den der für einen Menschen konstruirte Flügel auf die Minderung des Gewichtes des Menschen hat, wenn er von diesem bewegt wird. Leonardo macht sich ganz klar, welches Gewicht Mensch und Apparat haben, und vergleicht damit das Luftgewicht. Aus diesen Betrachtungen ist denn auch seine Erfindung*) des Fallschirmes hervorgegangen (Fig. 27), welche er mit den Worten begleitet: „Se un homo ha un padiglione, intasato, che sia 12 braccia per faccia e alto 12, potrà gittarsi d'ogni grande altezza senza danno di sè.“ Bei seinen Spielereien mit Wachsballons etc. bediente er sich als Füllung eingeblasener warmer Luft. Leider machte er hiervon für gröfsere Anwendung keinen Gebrauch, sondern er blieb bei der Imitation des Vogelflugs. —

Fig. 24.

Doch hatte Leonardo, wie bereits aus früher mitgetheilten Aufzeichnungen hervorgeht, eine klare Auffassung von der Dichtigkeit der Luft in der Nähe und ferner der Erde. Er sagt: „Um so viel die Luft dem Wasser oder der Erde benachbarter ist, um so viel ist sie dichter (grossa).“

*) Dieselbe wurde bisher Lenormand 1783 zugeschrieben.

Mehr den obigen Lehren des Leonardo zugehörig ist seine Anwendung des Gebläses für die Schmiedefeuer und Schmelzöfen. In Rom konstruirte er ein solches in einer Schmiede, welches so gewaltig blies und stöhnte, dafs die Anwesenden sich in eine Ecke zurückzogen und theils entflohen.

IX.

Leonardo da Vinci entwickelte auch in den übrigen Gebieten der Physik geklärte Kenntnisse. Die Grundanschauung, die wir schon bei Gelegenheit der Wellentheorie bei ihm ausgesprochen finden, verläfst ihn nicht. Betrachten wir zunächst die Akustik des Leonardo, so erregt es nicht Erstaunen, dafs er den Gesetzen nachforschte, da er selbst ausübender Musiker war und eine Menge Verbesserungen und Erfindungen an Musikinstrumenten gemacht hatte. Auch in diesem Gebiete war Leonardo da Vinci der erste Renovator und Propagator seit Pythagoras und seiner Schule, abgerechnet die Veränderungen und Schaffung von neuen Instrumenten. Leonardo bemühte sich, die Zeitdauer eines Tones, die Entfernung seiner Quelle u. s. w. zu messen, und konstruirte dafür ein Instrument, welches in Skizze im Codex Atlanticus übrig geblieben ist, leider ohne Beschreibung. Aus dem Echo suchte er die Distanz zu bestimmen, von wo der Ton ausging, weil er einsah, dafs der Ton oder Schall in einer gewissen Zeit nur einen gewissen Raum durchlaufen könne. Gleichzeitig beobachtete er die Einwirkung des Windes auf den Ton. Er entdeckte, dafs, wenn man eine Glocke anschlage, so beginne eine nahe hängende, mit ihr ähnliche Glocke zu tönen, und wenn man eine Seite einer Laute ertönen lasse, so antworte und töne dieselbe Seite auf einer andern Laute; man kann dies beobachten, wenn man ein Strohhälmchen über die Seite der zweiten Laute legt! (Siehe dieselbe Erklärung und fast dasselbe Beispiel in unseren Lehrbüchern. Eisenlohr §. 199.) Diese Entdeckung wurde später dem Galilei zugeschrieben, und Mersenne bestätigte sie durch theoretischen Nachweis. Leonardo bemerkt zu obigem Satz ferner: „Wenn obige Betrachtung richtig ist, so kann man den Ton, der plötzlich durch den Schlag eines Stabes mit der Hand entstand, nicht beenden, besonders nicht die Kraft, welche in Wirklichkeit den Ton gegeben hat, wenn man nicht die Glocke mit der Hand berührt, wie man mit dem Ohr beobachten kann, denn schlägt man die Glocke und legt man die Hand auf die geschlagene, so ist plötzlich der Ton verschwunden.“ Leonardo da Vinci kannte auch jene Erzählung des Nicomachus und Jamblichus, nach welcher Pythagoras einst bei einer Schmiede vorüber kam und die Töne der Hämmer hörte, die zugleich den Ambos trafen und eine Art Accord gaben. Pythagoras wog die Hämmer und fand, dafs die Gewichte derselben sich verhielten wie $1 : {}^2/_3 : {}^3/_4$ und die Töne Quarte, Quinte und Octave seien! — Leonardo stellt die Frage auf, ob der Ton im Ambos oder in den Hämmern entstand? Er antwortet: „Wenn der Ambos nicht aufgehängt war, konnte er überhaupt nicht tönen; der Hammer tönte im Aufprallen, welches er durch den Schlag verursachte; und wenn der Ambos tönt, so ist es, wie es bei jeder Glocke ist, die mit derselben Tiefe des Tones schallt, ob man sie mit irgend einem Gegenstand anschlägt; so eben auch der Ambos beim Aufschlag der verschiedenen Hämmer; wenn du also verschiedene Töne hörst durch Aufschlag von Hämmern verschiedener Schwere, so sind es die Stimmen der Hämmer und nicht in dem Ambos." Leonardo stellte also die Wahrheit, welche jenes Beispiel des Nicomachus enthielt, fest, während er die Fassung der Erzählung rectifizirt. Diese Erklärung aber bezeugt seine klare Auffassung über den Schall wiederum.

Leonardo's Ansichten über das Licht und das Sehen, kurz über die Optik sind hervorragend. Er wurde auf diese Studien mehr natürlich geführt als auf alle anderen; seine Kunst und das Studium der Perspektive bedingten auch seine optischen Studien.

Die Ansichten der Alten hatten das Gesetz der Reflexion des Lichtes richtig erfafst, aber sie hatten keine klaren Begriffe von der Refraktion. Ihre optischen Prinzipien waren so: „Sie wufsten, dafs das Sehen durch Strahlen bewirkt wird, die in geraden Linien fortgehen, und dafs diese Strahlen durch gewisse Körper (Spiegel) so zurückgeworfen werden, dafs der Winkel, welchen der einfallende und der zurückgeworfene Strahl mit dem Spiegel bildet, derselbe ist. Aus diesen Prämissen zogen sie, mit Hilfe der Geometrie, mancherlei Folgerungen, wie z. B. für die Konvergenz derjenigen Strahlen, die von einem Hohlspiegel kommen, u. s. f" (Whewell I. 89). Euklides gibt für die geradlinigen Strahlen Beweise an, die triftig genug sind. Allein Euklides wie die Platoniker behaupteten, dafs das Sehen bewirkt werde durch Strahlen, welche vom Auge und in Zwischenräumen ausgehen. Die besseren Lehren des Euklides wurden nun durch Aristoteles*) und seine Schule ganz verwirrt. Aristoteles nimmt zwischen Objekt und Auge ein Medium an, das er „Licht" oder „das Transparente in Aktion" nennt, während Finsternifs „Transparentes ohne Aktion" heifst u. s. w. Während Aristoteles den Ausdruck Refraktion gebraucht, zeigt er doch seine Kenntnifs dessen, was er dadurch bezeichnen wollte, als höchst unbestimmt. Erst um 1100 stellt der Araber Alhagen den Begriff fest, indem er sagt: „Refraktion hat gegen das Loth hin statt." Er beweist, dafs der Refraktionswinkel dem Einfallswinkel nicht proportional sei, und dafs die Gröfse der Refraktion nach der Gröfse des Winkels verschieden sei, welchen die einfallenden Strahlen mit den Einfallslothen bilden. Alhagen ging allerdings sehr weit, und seine Schriften wurden recht bekannt. Roger Baco beschäftigte sich mit der Wirkung konvexer Gläser. Vitellio, ein Pole im 13. Jahrhundert in Krakau lebend, erweitert die Refraktionslehre mit unverkennbarem Scharfsinn. Leider wurden seine Schriften (Perspectivae libri X. und Vitellionis de optica) erst 1533 resp. 1551 in Nürnberg gedruckt. Die Gelehrten jedoch wandten sich im 14. Jahrhundert mit einem besonderen Eifer der Optik und zumal dem Studium der älteren Werke hierüber zu, so dafs die Entwicklung der Perspektive und

*) Aristoteles de Anim. II. 6.

Zerlegung des Lichtes in seine Grundfarben und Bündelung des Spektrums auf einen Schirm

Optik mehr vorbereitet erscheinen mufs, als die anderer Naturlehren. Schon 1482 finden wir in Venedig Ausgaben des Euklides, und Anfang 16. Jahrhunderts zählen dieselben bereits nach 30—40 Ausgaben in allen Sprachen.

Leonardo, als Maler und zumal als begeisterter Lehrer der Perspektive, unterrichtete sich in der Optik auf das gründlichste, ebenso wie über die Farben. —

Venturi hat dem Leonardo da Vinci die Erfindung der Camera obscura zugeschrieben, und wir können nicht umhin, uns dieser Vindikation anzuschliefsen. Prüfen wir dafür die verschiedenen Stellen in den Manuskripten. Leonardo sagt: „Wenn die Bilder von beleuchteten Objekten durch ein kleines rundes Loch in ein sehr dunkles Zimmer fallen, so seht ihr diese Bilder im Innern des Zimmers auf weifsem Papier, welches in einiger Entfernung vom Loche aufgestellt ist, in voller Form und Farbe; sie sind aber in der Grösse verringert und stehen auf dem Kopf, und zwar in Folge des besagten Einschnitts. Wenn die Bilder von einem vom Sonnenlicht beleuchteten Ort kommen, so erscheinen sie uns wie auf das Papier, welches sehr dünn sein mufs, gemalt, und wie von hinten gesehen. Das Loch sei in eine sehr dünne Eisenplatte ausgeführt. ABC DE sind Fig. 28 die vom Sonnenlicht beleuchteten Objekte. OR ist die Vorderwand der Camera obscura; das Loch ist bei M; ST sei das Papier, welches die Strahlen von den Objekten aufnimmt. Die Bilder erscheinen umgekehrt, weil die Strahlen von A her nach K und die Strahlen von der linken Seite E nach rechts zu F hinübergehen.

Fig. 28.

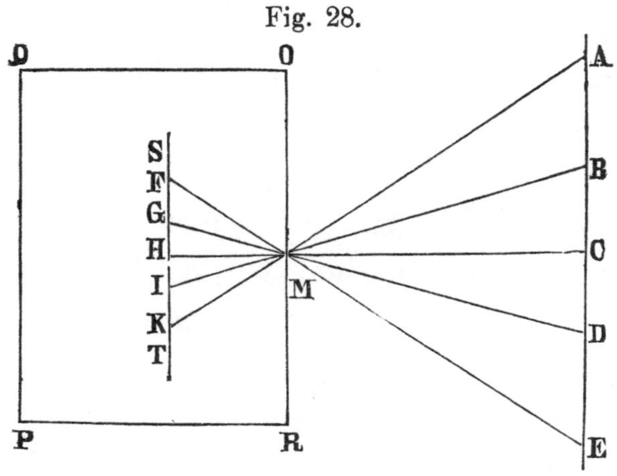

Das macht sich so von selbst im Auge. — Man kann machen, dafs das Auge die entfernten Objekte sieht, ohne dafs sie die ganze Verkleinerung erdulden, welche ihnen zufolge der Gesetze des Sehens zukommt. Diese Verkleinerung rührt von Pyramiden der Bilder des Objektes, welche im rechten Winkel durch die Sphärizität des Auges geschnitten werden, her. In der folgenden Figur sieht man, dafs man diese Pyramiden in gewisser Weise vor dem Augapfel schneiden kann. Es ist sehr wahr, dafs der Augapfel uns die ganze Hemisphäre auf einmal aufdeckt; dieses Kunstwerk*), welches ich meine, würde nur einen Stern entdecken lassen. Aber dieser Stern wird grofs; der Mond wird auch gröfser, und wir werden besser seine Flecke erkennen!" Die letzten Sätze sind in der That verwirrt, während die erste Erklärung durchaus klarer ist.

Fig. 29.

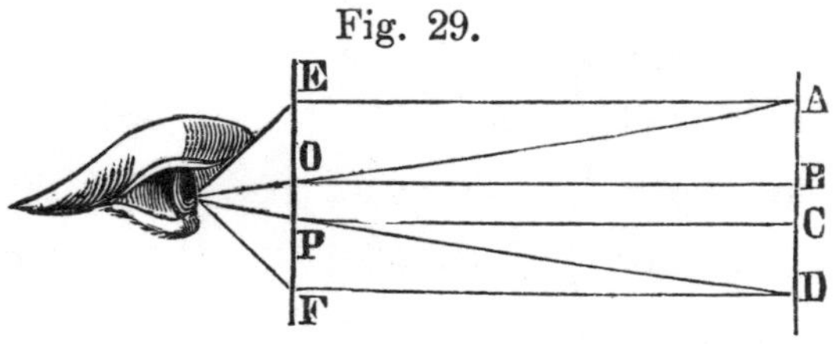

*) Hieran knüpften Einige die Behauptung von der Entdeckung eines Fernrohrs durch Leonardo.

Allein es gibt noch eine Reihe Aussprüche des Leonardo in anderen Manuskripten, welche über seine Auffassung mehr Licht verbreiten. Im Codex Atlanticus spricht Leonardo: „Ich behaupte, dafs, wenn ein Haus oder ein Raum oder eine Campagna, welche durch die Sonnenstrahlen getroffen wird, in seiner abgekehrten Seite einen Raum hat, und in dieser Seite, auf welcher man nicht die Sonne sieht, sei ein kleines rundes Loch hergestellt, alle beleuchteten Sachen durch dieses Loch ihr Bild hindurchwerfen, und innerhalb des Raumes an weifser Wand umgekehrt erscheinen, und bei vielen solcher Löcher werden viele solcher Bilder erscheinen. Die Strahlung verhält sich so. Wir wissen klar, dafs das Loch in der Wand einiges von dem Licht einführen mufs in den Raum, und dieses Licht, welches es vermittelt, ist ausgegangen von einem oder mehreren der vielen beleuchteten Körper. Wenn diese Körper nun verschiedene Farben und Gestalten (stampe) haben, so werden danach die Strahlen von ihrer Gestalt sein und mit den Farben und der Gestalt die Repräsentation an der Mauer herstellen."

Eine andere Stelle verifizirt die Erscheinung, und im libro della Pictura setzt er die Erscheinung nochmals auseinander. Leonardo ist in der That allen denen zuvorgekommen, denen man Antheil an der Camera obscura zutheilt, sowohl dem Cesar Caesarianus (1521) als dem Cardanus (1550) als dem Porta 1558. Cardanus hat übrigens ohnehin mehr geleistet für die Camera obscura als Porta, indem er derselben die Linse hinzufügte und die ganzen Eigenschaften der Camera mit dem Auge und dem Sehen verglich. Aber dem Cardanus war Leonardo da Vinci, sowohl mit der Beschreibung und Erklärung der Camera zuvorgekommen, als auch mit dem Ausspruch: „. . . quello spiraculo fatto in una fenestra . . . . rende dentro tutte le similitudini de' corpi che gli sono per obbietto. Cosi si protrebbe dire che l'occhio cosi facesse!" Und ebenso gut wie Cardanus kannte Leonardo die Funktion der Linse in der Hervorbringung eines Augenbildes. „Ich sage, dafs der Mensch die krystallinische Sphäre (spera) besitzt, um die empfangene Erscheinung zum Geiste zu senden, allein wie die Nothwendigkeit fordert, in einen dunklen Ort". Wir fanden im Codex Atlanticus eine Reihe Figuren und Skizzen, um die Weise des Sehens klar zu machen (che modo l'occhio vedere). Konstatirt ist es, dafs Leonardo ein künstliches Auge hergestellt hatte, um zu zeigen, wie die Form des Bildes auf dem wirklichen Auge erscheint. Aber auch die innere Einrichtung des Auges war ihm bekannt (cosi avrai trovato la vera forma interiore del l'occhio). Er war also ein früher Vorgänger des Franzosen le Cat (1740) und des Eustachius Divinus (1663). „Das Auge vermag ein Bild von beleuchteten Körpern längere Zeit festzuhalten; ihre Erscheinung tritt nach innen." Weiter berührt er die Aehnlichkeit eines Tones für das Ohr und das Bild eines erleuchteten Körpers für das Auge. Leonardo kannte die Erscheinung, dafs wenn Licht von einer stärker erleuchteten Fläche auf die Netzhaut des Auges fällt, dasselbe nicht blos auf die getroffene Stelle wirkt. Es ist das das Gesetz der Irradation. Er setzt dies in seinem „Traktat der Malerei" auseinander und wendet selbst dasselbe zur

Erreichung von bestimmten Effekten auf seinen Bildern an, z. B. in seiner Madonna dell' angello. Der Effekt, den die Stellung beider Augen hervorbringt für das Sehen, ist dem Leonardo vollständig bekannt. Er erkennt die Verschiedenheit der Bilder, die jedes Auge für sich aufnimmt, ebenso die Erscheinung, dafs man durch eine Wand mit zwei Löchern (für jedes Auge eins) einen Körper dahinter in einer gewissen Distanz nicht erblickt. Ueber das Verhältnifs der Lichtstärke zur Entfernung der Körper bemerkt Leonardo: „Um so viel sich die Kraft des abgeleiteten Lichtes vermindert, um so mehr nimmt die Gröfse zu." Seine Vergleichung der Intensität zweier Lichter kommt den Gesetzen des Bouguer (1729) zuvor und hat eine ausgezeichnete Darstellung in seinem Werk über die Malerei im Kapitel: von Licht und Schatten veranlafst, die noch heute die beste Lehre des Malers ist. „Die Lichtseite kehre man gegen einen dunklen Grund, die Schatten gegen einen helleren. Eins mufs das andere heben, doch ohne sich zu befeinden; es mufs immer ein milder Uebergang sein. Neben Schatten müssen noch oft unmerkliche, schwächere stehen. Der Grund, worauf ein Gemälde steht, mufs stets dunkler sein als der erleuchtete Theil und schwächer als der beschattete Theil. Wiederscheine dienen auch öfter, um vom Grunde abzuheben; meistens müssen sie aber heller als der Grund sein." —

Diese klaren Grundsätze hatte Leonardo aus der richtigen Betrachtung der Schatten, welche entstehen bei dem Einfügen undurchsichtiger Körper zwischen der Lichtquelle und einer Wand, ersehen. Er gibt für diese Betrachtung die folgenden Skizzen, die die Konformität seiner Anschauung mit der unserigen klar darthun. (Fig. 30, 31, 32 und 33.)

Fig. 30.

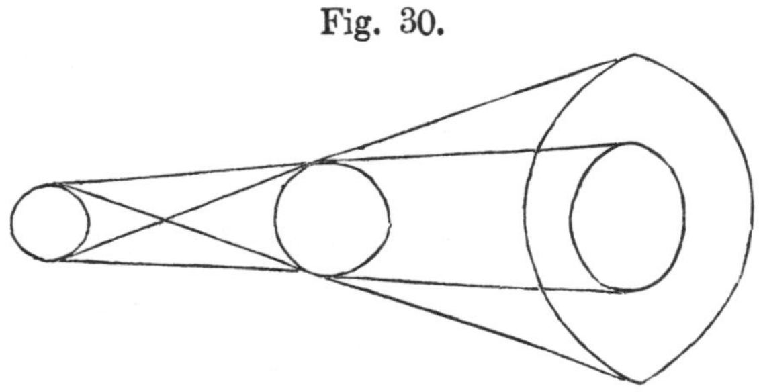

Fig. 31.

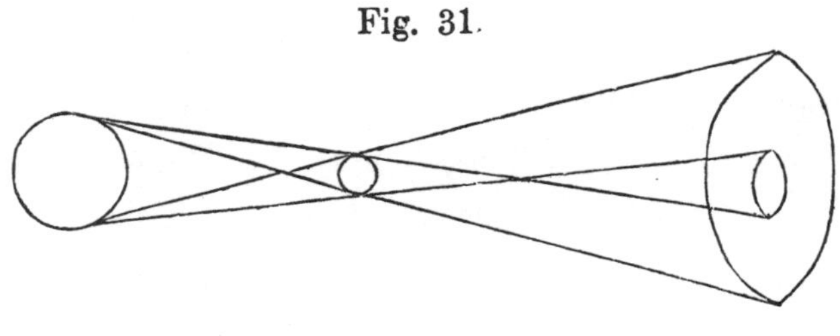

Fig. 32.

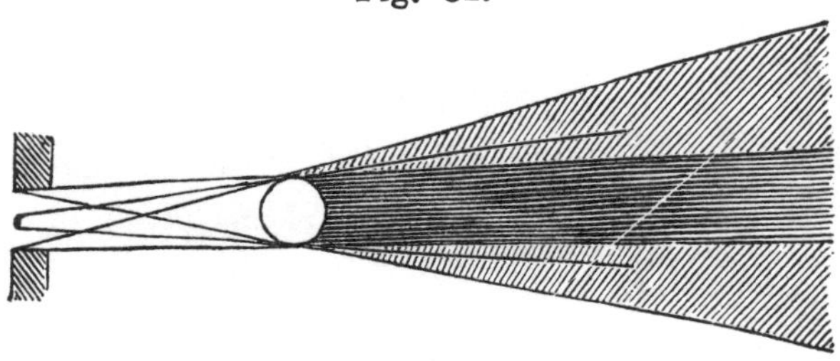

Fig. 33.

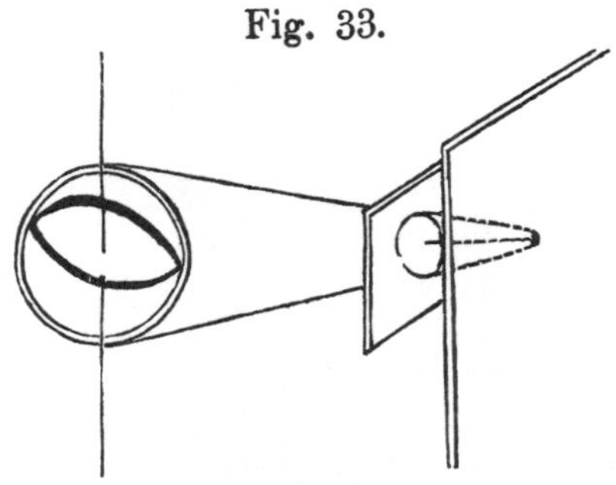

Auf die Diffraktion scheinen einige Bemerkungen hinzuweisen, doch wollen wir hierüber dem Leonardo eine Kenntnifs nicht weiter vindiziren. (Dove i raggi reflessi s'intersegano, quivi si raddoppiano tanto i gradi della caldezza, quanto sono il numero delli ragi intersegati.)

Leoardo da Vinci gab mehrfache Vorschriften zur Fabrikation von Hohlspiegeln (konkave, konvexe, parabolische, sphärische) und lehrte den Punkt kennen und bestimmen, wo die reflektirten Strahlen sich durchschneiden.

Im Uebrigen müssen wir noch auf die Farbenlehre des Leonardo hinweisen. „Weifs ist nach Leonardo's Theorie die hervorbringende Ursache der Farben und Schwarz die Beraubung. Um die Harmonie der Farben zu erkennen, oder wie sie sich zu einander verhalten, nehme man ein gefärbtes Glas, wodurch die Farbe des Gegenstandes, der dahinter sich befindet, mit der Farbe des Glases sich vermischt, woraus man erkennt, ob diese mit einer ähnlichen Mischung sich verträgt oder dadurch verdorben wird. In einem blauen und schwarzen Glase verlieren alle Farben, und im Weifs am meisten; sie gewinnen im Gelb und Grün. Soll eine Farbe der anderen, die sich ihr nähert, Annehmlichkeit geben, so soll man sich der Farbenfolge des Regenbogens bedienen, wo die Farben in ihrer nächsten Verwandtschaft sich zeigen.... Blau ist das Erzeugnifs des reinsten Weifs mit dem Dunst der Luft. Das Weifs ist aller Farben leer. . . . . Man soll von den acht Grundfarben eine mit der anderen vermischen, hernach zwei mit zweien u. s. w. bis zu dem Ende der vollen Farbenzahl."

Uebrigens sei bemerkt, dafs Leonardo sehr sorgfältige Studien machte über die Farben und Lacke und über die Methoden der Mischung. In diesem Sinne nennt er das Roth (Mennige) den gefährlichsten aller Körper etc. etc. Man lese diese Dinge nach in seinem trefflichen Buch über die Malerei. —

X.

Ueber den Magneten finden wir bei Leonardo da Vinci einige Stellen, welche beweisen, dafs derselbe die Eigenschaften desselben zu ergründen suchte, allein etwas Besonderes resultirte wohl nicht daraus.

Seine Ansichten über die Wärme dagegen fesseln uns mehr. Zunächst beobachtete er, dafs ein Eisendraht auf einem Ambos stark gehämmert den Schwefel anzog, ohne vielleicht das Gesetz Motus est causa caloris zu kennen. Er beschreibt ferner, wie ein trübes, schlammiges Wasser, wenn es gekocht werde, plötzlich klar werde, denn die Hitze verdünne das Wasser, und dann könne das verdünnte (rarefatta) die schwereren Theile nicht mehr tragen. Die Aktion der Aeolipile war dem Leonardo bekannt, und vielleicht gab sie ihm Anlafs zur Konstruktion der Dampfkanone, des Architronito, welche er allerdings als eine Erfindung des Archimedes bezeichnet, — ohne dafs in den

Fig. 34.

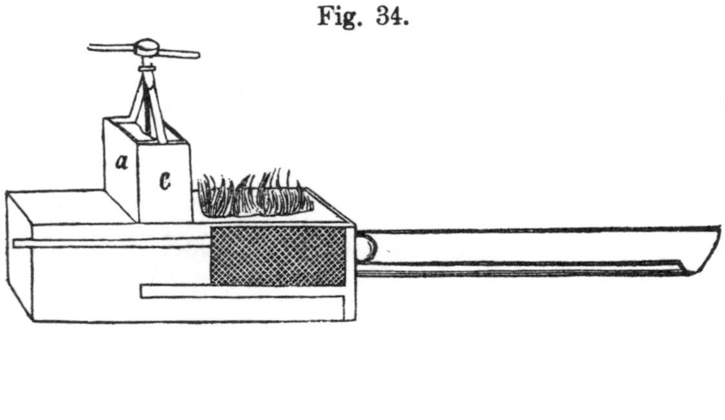

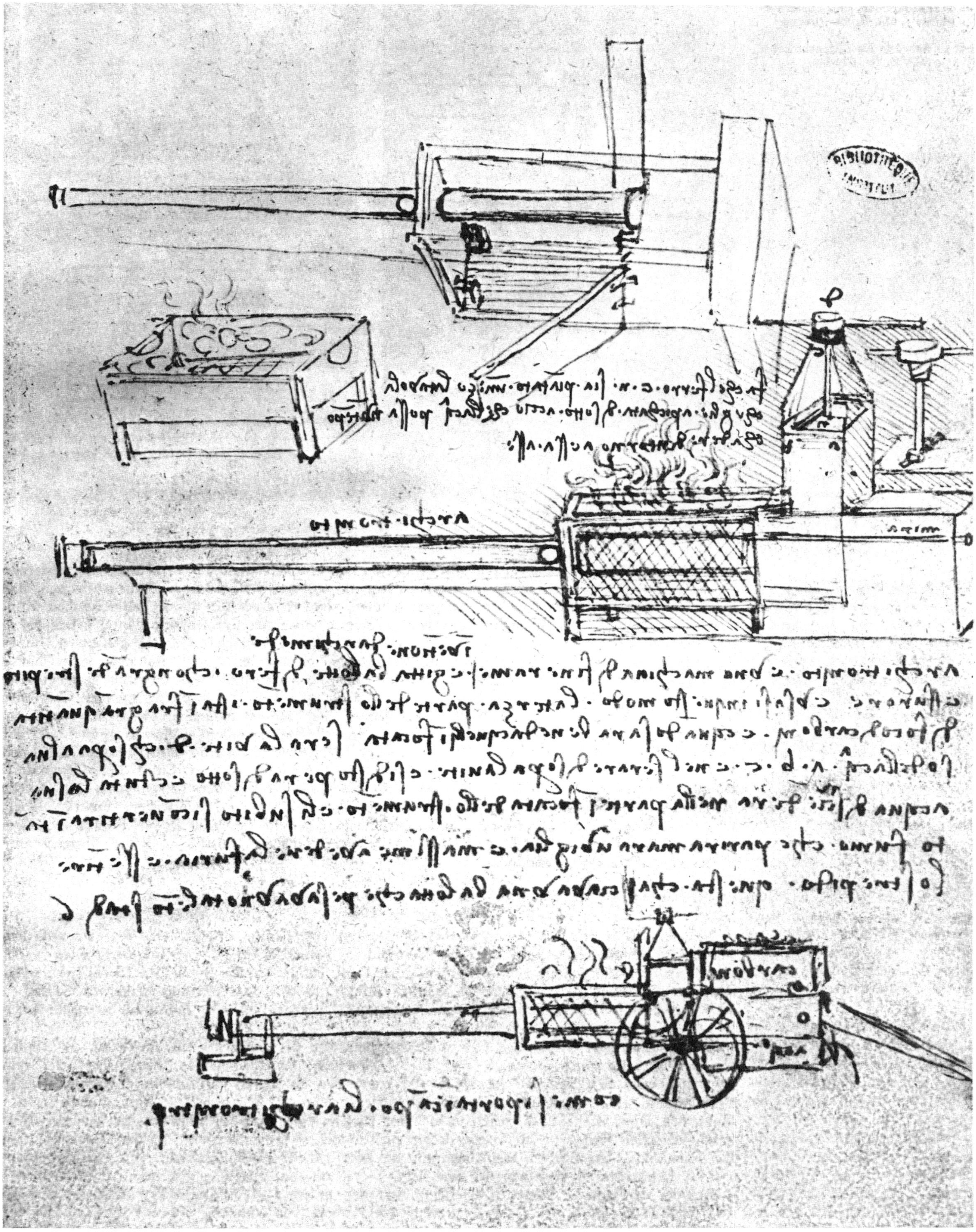

Dampfkanone

Fig. 35.

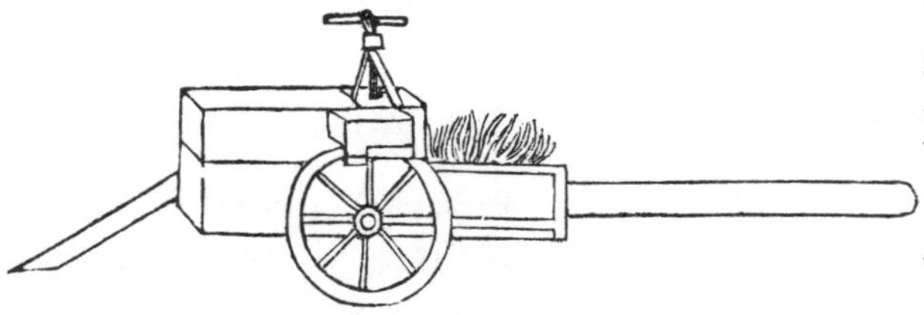

Schriften des letzteren eine Spur davon aufzufinden wäre. Wir geben hier Figur und Beschreibung der Kanone. (Fig. 34. 35.)

„Der Architronito ist eine Maschine von feinem Kupfer, welche eiserne Kugeln mit grofsem Geräusch und vieler Gewalt fortschleudert. Man macht Gebrauch von dieser Maschine; das Drittheil dieses Instruments besteht in einer grofsen Quantität Feuer und Kohlen. Wenn das Wasser recht erhitzt ist, so wird die Schraube des mit Wasser gefüllten Gefäfses (*abc*) geschlossen, und in demselben Augenblicke, wo dies geschieht, entweicht das ganze Wasser unterhalb, steigt in den erhitzten Theil des Instrumentes und verwandelt sich sofort in Dampf, der so bedeutend und stark ist, dafs es wunderbar ist, die Wuth dieses Rauches zu sehen und das hervorgebrachte Geräusch zu hören. Diese Maschine warf eine Kugel von 1 Talent und 6."

Wir bemerken, dafs Leonardo im Cod. Altl. fol. 253 eine dunkle Idee zur Bewegung einer Barke mit Dampf gegeben hat, ferner fol. 300 einen Bratspiefs, welcher durch Wärme getrieben wird, und zwar werden die Rauchgase, Dämpfe etc. in einen Rauchfang gesammelt und ziehen darin nach oben. Die Oeffnung aber zum Eintritt in den Schornstein verschliefst ein mit Schaufeln versehenes horizontales Rad. Die warme Luft tritt durch die schräg gestellten Schaufeln hindurch nach oben und bewegt dabei das Rad und Achse desselben, welche nach unten hin mit einem Trieb in die Zahnräder des Bratspiefses eingreift.

Ueber die strahlende Wärme gibt Leonardo folgende Sätze: „Eine Glasglocke, mit Wasser gefüllt, läfst die Strahlen des Feuers durch sich hindurch, und diese werden heifser als Feuer. Ein konkaver Spiegel, kalt seiend, empfängt die Feuerstrahlen und gibt sie heifser als Feuer wieder zurück. In einem ähnlichen Experimente mache man ein Stück Kupfer glühend und lasse es glänzen durch ein Loch von seiner Gröfse und in gleicher Entfernung wie ein gewöhnlicher Spiegel zugleich mit einer Flamme. So hat man also zwei Körper in gleicher Distanz vom Spiegel, aber verschieden an Farbe und Glanz. Man wird finden, dafs der gröfseren Wärme die gröfsere Reflexion des Spiegels entspricht."

XI.

Wir dürfen hier wohl einige Bemerkungen anfügen über Leonardo's metallurgische Kenntnisse.

Bekanntlich war zu Leonardo's Zeit die Chemie — Alchemie, und ebenso gehörte die Metallurgie wesentlich zur Alchemie. Leonardo scheint kein Anhänger oder Freund der Alchemie gewesen zu sein, sein klarer Verstand durchschaute vielleicht schnell das trügerische Gewand, in welcher damals die chemische Wissenschaft einherschreiten mufste und nur einmal meldet er von einem Eremiten (Alchemisten), dafs derselbe behauptet, dafs Quecksilber sei der Same (semenza) für alle Metalle, und bemerkt, wie unzutreffend diese Ansicht gegenüber der Varietät der Dinge auf der Welt sei. Ferner führt er ein Rezept zum griechischen Feuer an, sicherlich abgeschrieben aus den Schriften eines Alchemisten und keineswegs eigene Komposition. Doch da Leonardo Kriegsingenieur war, so finden wir auch bei ihm Kenntnifs des Pulvers und in dem Ambrosianischen Codex Atlanticus 5 Figuren, welche wir für Illustrationen der Pulverfabrikation halten einzelner Bemerkungen wegen. Die erste der Illustrationen zeigt einen Ofen mit schräg ansteigender Feuerplatte, durch deren sechs Oeffnungen sechs Tiegel hindurchhängen in die darunter hinstreichende Feuerluft. Es dürfte dieser Ofen für die Abdampfung der Lösung des Salpeters dienen. Die folgende Illustration zeigt einen Mahlgang mit zwei Steinen. Die dritte Figur gibt einen Sublimirapparat für den Schwefel. Die vierte Figur einen Trockenofen. Die fünfte Figur eine Mischmaschine mit einem schmalen um seine Achse drehbaren verticalen Stein, der die in einer Schaale eingegebenen Substanzen zermalmt und vermengt, während sich diese Schaale um ihre vertikale Achse dreht. (Wir wollen keineswegs die Richtigkeit unserer Auslegung aufser Frage stellen.) Uebrigens sind Feuerungsanlagen nicht selten vertreten bei Leonardo. Wir finden einen Glühofen, bei welchem das Gefäfs mit dem zu glühenden Körper in einen eisernen Cylinder eingesetzt wird, während von unten her die Feuerung Flammen rings um dies Gefäfs herum entsendet zwischen der Wandung des Cylinders und dem Gefäfse. Ein anderer Ofen zeigt sich als Flammofen mit vorliegender Feuerung. Die Feuergase treten durch fünf Oeffnungen in den Ofen ein. Bei diesem Ofen gibt die Schraffirung genau die Zutrittsöffnungen, Feuerkanäle u. s. w. an, und wir möchten diesen Ofen für einen Glasofen halten. Sehr trefflich vorgeführt ist ein Destillationsapparat. Eine Kochschaale von Halbkreisquerschnitt über einer Rostfeuerung ist oben von einem übergreifenden Deckel geschlossen, welcher lang ausgehend in eine seitliche Röhre, endlich nach unten sich biegt und in ein Gefäfs zum Auffangen einmündet. Aus einem höher aufgestellten Wassergefäfs fliefst kaltes Wasser auf das abgehende Rohr und bewirkt die Kondensation der übergehenden Gase durch Abkühlung. Vom Schmiedefeuergebläse sprachen wir schon. Da Leonardo die Aufgabe erhalten hatte, das Denkmal Francesco Sforza's zu machen, welches in Erzgufs vorgesehen war, so bemühte sich Leonardo ohne Zweifel, die Gufssätze kennen zu lernen. Im Codex Trivolgianus gibt er Rezepte an, die wohl von Verrochio, seinem Lehrer, und einem sehr tüchtigen Erzgiefser herrühren. Weiter finden wir keine Angaben über den Erzgufs.

Dagegen treffen wir auf Stellen in seinem Manuskripte, aus welchen hervorgeht, dafs Leonardo die Geologie der Appenninen und Alpen studirte und mancherlei Entdeckungen machte. Er beobachtete in den Felsen und Gesteinen eingeschlossene und abgedruckte Thiere der Vorzeit und Pflanzen. Er schlofs auf eine allmähliche Zerstörung der Felsen durch die Einwirkung des Wassers, welches die Trümmer in das Meer führte.

XII.

Die Gedanken des Leonardo da Vinci gingen unter anderem auch den Wissenschaften nach, die die Erde, ihre Gestalt und Beschaffenheit, ihren Einflufs auf den Mond zu begründen suchen, und die sich mit der Erforschung des Sonnensystems befassen. Haben wir bereits oben jenes Beispiel aus seinen Schriften beigebracht, welches zeigt, wie Leonardo sich mit der Bewegung der Erde vertraut gemacht zu haben scheint, und wie er zwei Bewegungen auf der Oberfläche darzustellen verstand, so führen wir in Folgendem seine Ansichten über die Himmelskörper und ihre gegenseitigen Beziehungen an. Leonardo stellt sich beispielsweise vor, dafs die Erde in Stücke geschnitten sei, die verstreut würden nach allen Richtungen, wie die Sterne am Himmel. Er sagt, dafs, wenn ein solches Stück herabfalle, es bis zum gemeinsamen Zentrum sich begebe, aber dort nicht bleiben, sondern seine Bewegung wird das Stück in die entgegengesetzten Elemente treiben, wo es sich nicht ruhig niederlassen kann, sondern wieder umkehrt und zurückkehrt zu dem Ort des Ausgangs. Es wird diese Fahrt zum zweitenmale machen, wiederkehren, und so beständig wiederholen. Es ist das, wie man ein Gewicht an einem Tau aufhängt, gestofsen von der einen Seite, sodann frei sich selbst überlassen, geht und kommt lange Zeit, immer seine Bahn verkürzend, bis es zum Stillstand kommt und an der Korde herabhängt. Wenn alle Stücke der Erde so ausgestreut, freigefallen wären, eins nach dem andern in verschiedenen Zwischenräumen, so würden sich diese Stücke begegnen und sich stofsen, zerbrechen. Es würde davon ein wildes Getümmel in der Atmosphäre entstehen, welches Jahre lang dauern würde, bis endlich alle Stücke mit dem Zentrum vereinigt wären! — Welche treffliche Ansicht, bei welcher Gravitation, Zentrifugation und das Pendelgesetz zur Anwendung kommen. Von der Sphäricität der Erdoberfläche überzeugt, glaubt Leonardo, dafs man 14 Meilen in See bereits dieselbe an der Meeresoberfläche mit blofsen Augen wahrnehmen könne; allerdings ein Irrthum, — aber doch ein Zeugnifs für die absolute Ueberzeugung, dafs die Erdgestalt jene Kurve zeige. Sehr interessirt scheint den Leonardo der Mond zu haben. Auf ihn beziehen sich die meisten seiner Betrachtungen astronomischen Gepräges. Er findet, dafs der Mond in jedem Monat einen Winter und einen Sommer haben müsse, die resp. kälter und wärmer sein müfsten, als bei uns, und dafs die Aequinoctien des Mondes viel kälter seien als bei uns. Es schwebt ihm dabei die Ansicht vor, dafs der Mond eine kleine Erde sei. Wir reihen daran:

„Ich werde zeigen, dafs das Funkeln der Sterne vom Auge herkommt; doch das Glänzen ist bei einigen Sternen merkbarer als bei anderen, und wie das Auge uns die Sterne von Strahlen umgeben zeigt.“

„Die Erde wird dem Menschen auf dem Monde oder auf einem der Sterne als ein himmlischer Körper erscheinen!“

„Dem Menschen auf der Erde erscheint der Mond genau so, wie die Erde den Bewohnern des Mondes erscheinen wird.“

„Der Mond hat seinen Tag und seine Nacht selbst wie die Erde, die Nacht hat Statt auf dem dunkeln Theil, der Tag ist in dem hellen Theil. Die Theile des Mondes, welche Tag haben bei Vollmond, treten in die volle Nacht bei Neumond.“

„Die Erde ist nicht im Mittelpunkt der Sonnenbahn situirt, ebensowenig in der Mitte des Weltalls. Sie ist in der Mitte ihrer Elemente, welche ihr zugetheilt und von ihr abhängig sind. Für einen Menschen auf dem Monde würde die Erde und der Ozean denselben Effekt auf den Mond ausüben mit Hülfe der Sonne, wenn die Sonne und der Mond in der Nacht unter unserem Horizonte ständen, als er auf die Erde ausübt.“

„In der Verfinsterung der Sonne empfängt die Nacht des Mondes keine Zurückstrahlung der Sonnenstrahlen durch die Erde, und bei der Verfinsterung des Mondes empfängt die Erde vom Monde reflektirte Strahlen nicht.“

„Wenn der Mond beim Herabgang umkränzt ist von einem durch die Sonne erleuchteten Ringe, warum haben dann die Theile des Mondes, welche in der Mitte dieses Kreises liegen, mehr Licht, als zur Zeit der Verfinsterung der Sonne? Das ist, weil bei der Verfinsterung der Sonne der Mond seinen Schatten auf den Ocean wirft, eine Erscheinung, welche nicht eintritt, sobald der Mond herabgesunken ist und die Sonne ihre Strahlen in derselben Zeit auf den Ozean wirft.“

Alle diese ausgesprochenen Ansichten sind gewifs bemerkenswerth, trotz der Irrthümer, die sich darin befinden. Vor allem aber kam Leonardo dem Moestlin und Keppler zuvor in der Erklärung, dafs das Mondlicht durch Reflexion der Erde entsteht. —

„Die Sonnenwärme ist Ursache, dafs die Wasser des Meeres sich unter dem Aequator erheben. Sie treten in Bewegung von allen Seiten dieser eminenten Wassermasse, um ihre vollkommene Sphärizität wiederherzustellen.“

„Die Wasser der Meere in den Aequinoctialgegenden sind höher als die Wasser des Nordens. Sie sind auch unter der Sonne höher als in anderen Gegenden des Aequinoctialringes. Dies kann man beobachten an einem Gefäfs mit Wasser mit Hülfe glühender Kohlen. Das Wasser, welches sich um das Zentrum des Siedens herum befindet, erhebt sich in Zirkular-Wellen. Die Wasser des Nordens stehen unter dem Niveau der andern Meere, und zwar um so viel sie kälter sind.“

„Die Wasserhöhen, welche die Sonne hervorbringt, bewegen sich zirkular und durchlaufen jede Stunde etwa 1000 Meilen.“

Wir führen auch noch Leonardo's Ideen über den früheren Aufbau der Erde an:

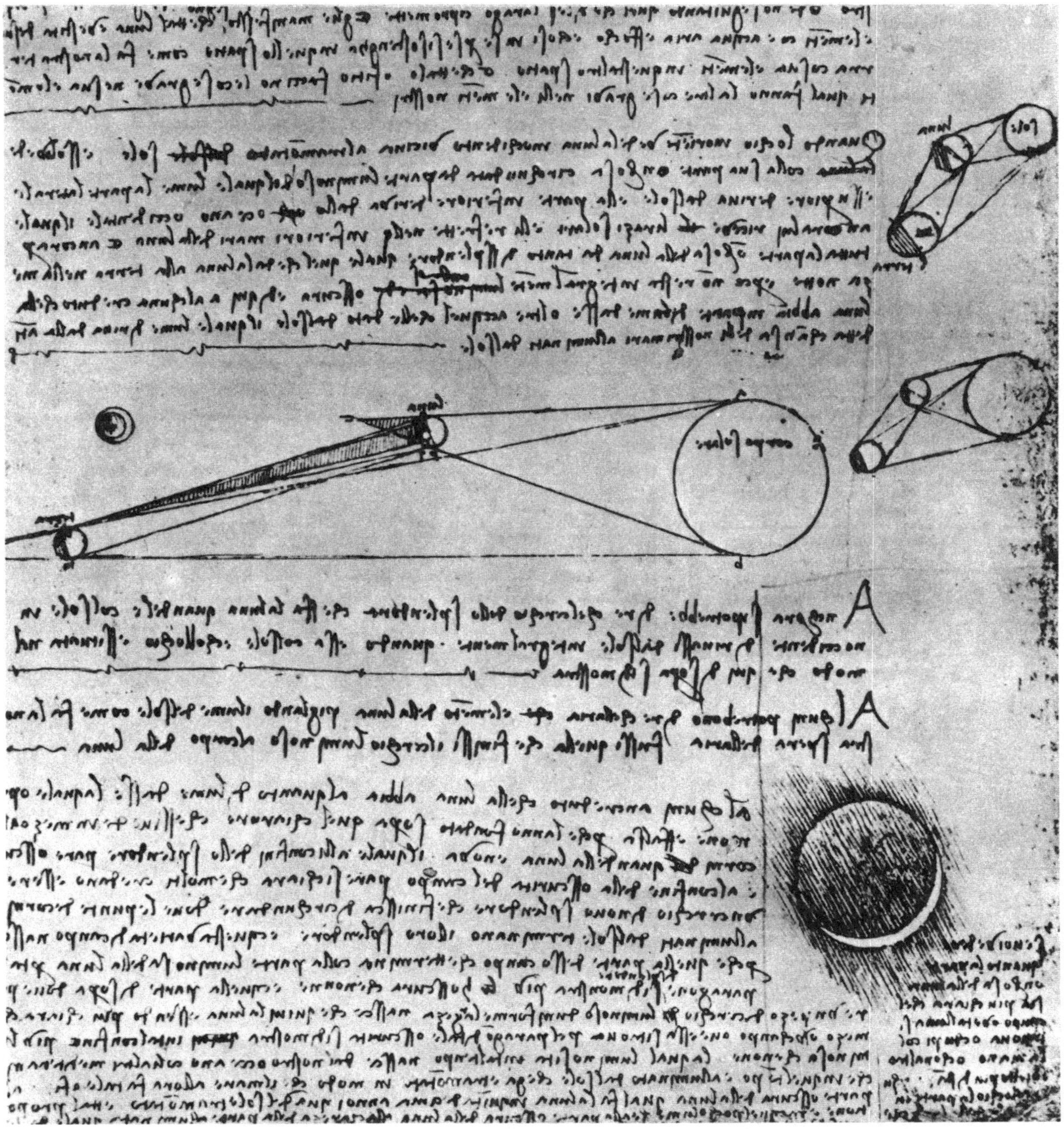

Oben: Mondfinsternis
Unten: Perspektivische Spiegelungen des Mondes

„Wenn das Wasser der Flüsse seinen Schlamm absetzt auf die Thiere des Meeres, welche die Küsten bewohnten, so legt sich dieser Schlamm auf die Thiere selbst. Ist endlich das Meer zurückgetreten, so erhärtet, versteinert sich dieser Schlamm ringsum und über den Muscheln der Schalthiere und vereinigt sie. Daher begegnet man vielen Gegenden, — und fast alle solche versteinerte Muscheln gibt es in den Gebirgen, — welche noch ihre unversehrten Muscheln haben, besonders solche, die mehr Alter und mehr Dauerhaftigkeit hatten. Ihr sagt mir, dafs die Natur und der Einflufs der Sterne die Muscheln der Berge geformt haben. Zeigt mir also einen Ort in den Bergen, wo die Sterne heute solche Muschelkörper machen, von verschiedenem Alter, von so verschiedener Gestalt an einem und demselben Orte? — Und wie erklärt ihr nun den Sand, welcher in Schichten sich erhärtet hat in verschiedenen Höhen der Gebirge? Dieser Sand ist dorthin transportirt von verschiedenen Orten, durch die Wellen und den Lauf der Flüsse. Der Sand ist nur geformt und gebildet durch die Stücke der Steine, welche abgenutzt wurden und ihren Halt verloren durch die Reibungen, die Stöfse und den Sturz, der diese Stücke in das Wasser geschleudert hat, welches sie dann an ihren Platz gerollt hat. Und wie erklärt ihr durch das Werk der Sterne die grofse Anzahl der verschiedenen Blätter, fixirt und abgedrückt in den Gesteinen der Berge? und die Algen, Meereskräuter, vermischt mit Muscheln und Sand, alles versteint zu einer Masse mit den Krebsen des Meeres, gemengt unter denselben Muscheln?“

„Das Meer verändert das Gleichgewicht der Erde. Die Austern, die Muscheln, welche im Schlamm des Meeres leben, bezeugen uns die Veränderung, welche die Erde im ganzen Kreise der Elemente erlitten hat. Die grofsen Flüsse führen immer Terrain mit sich, welches sie aus ihrem Bett durch Reibung loslösen. Diese Korrosion läfst uns viele Muschelbänke, eingehüllt in diverse Bettungen, entdecken. Die Muscheln haben früher an demselben Orte gelebt, als sie das Meer bedeckte. Diese Bänke sind im Laufe der Zeit von anderen Lagen von Schlamm in verschiedener Höhe bedeckt, so dafs also die Muscheln von dem herbeigespülten Schlamme eingeschlossen wurden, langsam, bis das Wasser wich. Heute sind die Gründe selbst bis zur Höhe der Hügel und Berge gewachsen, und die Flüsse nagen an ihnen und decken die Muschelbänke auf. Also eine Partie der Erde, sehr leicht entstanden, erhebt sich gleichsam entgegengesetzt dem Zentrum der Erde und naht sich allmählich jetzt demselben, und das, was zuvor Meeresgrund war, ist der Gipfel der Berge geworden.“

„Wenn ein Flufs Schlammhaufen bildet oder Sandbänke und sie dann verläfst, so zeigt uns das Wasser, welches sich dieser Massen erleichtert, die Art und Weise, wie die Berge und Thäler sich geformt haben können allmählich von dem Terrain, welches aus dem Grund des Meeres emporgestiegen ist, obgleich dies Land im Emporsteigen beinahe voll und vereinigt war. Das Wafser, welches dieses Erdreich anhäufte bis zur Erhebung über die Oberfläche des Ozeans, begann Strömungen an den tieferen Theilen zu bilden, und siedelte das Schilf dort an, welches wieder andere Anhäufungen erzeugte. Das Schilf, ernährt durch die Regenwafser, nimmt täglich an Ausdehnung und Tiefe zu; es entstehen Strömungen und Thäler; diese bilden sich zu Flüssen, und diese, die Ufer benagend, bauen unter sich Berge auf. Die Regen strömten unablässig und beraubten diese Berge, so dafs nichts übrig blieb als die kahlen Felsen von Luft umgeben. Das Terrain des Flufsbettes ist allmählich zu der Basis herabgestiegen. Der Grund des Meeres hat sich erhöht, und das Meer, welches den Fufs der Berge bespülte, ist gezwungen worden, sich davon zurückzuziehen."

In diesen drei Absätzen, die sich in verschiedenen Manuskripten zerstreut finden (F. 11. N. 124. E. 4. F. 80.), zeigt sich eine den übrigen geistreichen Anschauungen ebenbürtige Spekulation, wie sie nimmer bei einem der Philosophen vor ihm gefunden werden kann. Venturi bezeichnet ihn dieserhalb als le premier des Philosophes modernes, qui ont soutenu que la plupart des continens ont été jadis le fond de la mer. Und wir finden den Werth der Ansichten des Leonardo darin, dafs er der erste Philosoph war, der zu solchen Anschauungen sich emporschwingen konnte und den Muth hatte, dieselben laut zu verkünden und dadurch dem Einflufs und den Behauptungen der Kirche entgegen zu treten. Diese Lehren und Erklärungen aus der Astronomie zogen ihm den Namen und Ruf eines Häretikers zu und verursachten ihm jene unannehmliche Stellung zu Mailand, dafs er es vorzog, diese Stadt zu verlassen.

Es bleibt noch übrig zu bemerken, dafs Leonardo bedeutendes Interesse an der Geographie hatte, und dafs er durch seinen Freund Amerigo Vespucci zu Florenz mit den Entdeckungen der Portugiesen und Spanier (Vasco, Diaz, Columbus) näher vertraut ward. Vielleicht ist hierdurch die in London aufgefundene erste Karte von Amerika, die von Leonardo gezeichnet sein soll, entstanden. Jedenfalls ist das Interesse Leonardo's sicherlich auch für diese Entdeckungen angeregt gewesen, wenn er uns auch keinerlei Nachrichten davon aufgeschrieben hat.

XIII.

Das Gefallen an der Natur und ihren Schöpfungen machte Leonardo auch zum Botaniker. Aber wie er die Natur mehr sezirend betrachtete, so ist er eher ein Pflanzenanatom zu nennen. In seinem Werk über Malerei (Manzi, Roma) finden wir im 6. Kap. gleichsam eine Pflanzenphysiologie. Er bringt Beobachtungen über die Form, Vertheilung und Symmetrie der Blätter und Zweige, die Konstruktion in der Rinde und im Holze. Diese und andere zahlreiche Mittheilungen Leonardo's über Botanik hat Gustavo Uzielli bereits gesammelt und 1869 veröffentlicht im Nuovo Giornale Botanico Italiano unter dem Titel: Sopra alcune osservazioni Botaniche di Leonardo da Vinci. Uzielli vindizirt dem Leonardo die Begründung der Wissenschaft von der Konstruktion und Gruppirung der Blätter (Fillotani), welche bisher dem Engländer

Brown (1658) zugeschrieben wurde. — Auch andere Manuskripte, zumal der Codex Atlanticus, enthalten Beiträge für diese Seite der Botanik. Leonardo sucht auch die Art der Ernährung der Pflanzen darzulegen. Er erklärt, dafs die Pflanzen, welche an Orten stehen, wo viel Feuchtigkeit und Nahrung vorhanden ist, mehr Rinde ansetzen, als an solchen, wo diese Nahrung fehlt oder spärlich ist. Die Bilduug der Jahresringe und ihre verschiedene Dicke führt er zurück auf die gröfsere oder geringere Feuchtigkeit des Jahres und findet einen Unterschied in dem Abstande des Zentrums von der nördlichen Seite der Borke gegenüber der südlichen, indem er diesen Abstand für ersten Fall gröfser nennt. Alle diese Beobachtungen wurden erst in späterer Zeit wieder gemacht und veröffentlicht. Nach Dioscorides gab es nur wenige griechische und römische Gelehrte, welche sich mit der Botanik befafsten. Gonza (1430) gab die Werke des Theophrast heraus mit vielen Zufügungen; später kamen Barbarus und Virgilius, Leonicenus und Brassavola und Mathioli (1501—77) — alle Kommentatoren des Dioscorides. Das letztere Werk wurde für Italien ein Abschlufs. Später traten die Schriften von Costaeus, Porta, Caesalpinus und Colonna auf. Letzterer gab (1592—1616) eine Arbeit mit Kupferstichen von Blüthen und Früchten. In Deutschland kamen die illustrirten Arbeiten von Fuchs (1542), Cordus (1561), Gesner (1565) dazu, in den Niederlanden Dodonaeus und Lobel und Clusius, in Frankreich Champier, Ruellius (1536), Delechamp, in Spanien Nebrija, Laguna (1543), Herrera (1513), in Portugal Garcia d'Orta, Acosta, Fraposo, in England Ascham (1520), Turner u. s. w. Alle diese Gelehrten lebten später als Leonardo (nur wenige waren kurze Zeit „Zeitgenossen" desselben), und eine ernste Betrachtung, wie Leonardo sie gibt, ist selbst in diesen Werken nicht überall zu finden.

Interessant ist Leonardo's Versuch des Selbstdrucks der Blätter. Im Codex Atlanticus befindet sich ein solcher Abdruck eines Salbeiblattes mit folgender Bemerkung: Questa carta si dette tingere di fumo di candella temporato con colla dolce, e poi imbrattare sottilmente la foglie di biacca a olio, come si fa alle lettere in istampa, e poi stampire nel modo comune, e cosi tal foglia parrà nombrata ne' cavi e alluminata nelli rilievi, il che interviene qui il contrario. Bekanntlich hat Auer in unseren Zeiten diese Kunst ausgebildet und also erneut. —

XIII.

Leonardo war, wie wir gesehen, sowohl bei dem Herzog Ludovico Sforza, als später bei Borgia Kriegsingenieur. Für diese Stellung ist sein Brief, den er an Sforza geschrieben, karakteristisch, welcher folgt, nachdem wir nicht anzuführen unterlassen werden, dafs Leonardo in seinem Traktat der Malerei ausruft: nelle bataglie per necessita accadono infiniti scorciamenti e piegamenti dei compositori di tal discordia o vuoi dire pazzia bestialissima!

„Monseigneur, überzeugt, dafs die Vorspiegelungen von allen denen, welche sich

Meister in der Kunst des Erfindens von Kriegsgeräth nennen, in Wirklichkeit nichts Nützliches oder Neues geleistet wird, was nicht schon gewöhnlich ist, beeile ich mich gegenwärtig, ohne jemanden schaden zu wollen, Eurer Herrlichkeit meine Geheimnisse zu entschleiern und sie, wenn es Ihnen gefällt, zur Ausführung zu bringen; denn ich wage zu hoffen, dafs alle Dinge, welche ich in diesem kurzen Brief einreiche, das verlangte Resultat erreichen.

1. Ich weifs zu konstruiren sehr leichte Brücken, welche man leicht von einem zum andern Ort transportiren kann, und mit Hülfe welcher es oft möglich wird, den Feind zu verfolgen und ihn in die Flucht zu jagen. Dieselben sind sehr sicher und gegen Feuer geschützt, und widerstandsfähig im Wasser. Sie lassen sich leicht aufschlagen und abbrechen. Ich habe auch ein Mittel, die Brücken des Feindes zu zerstören und anzuzünden.
2. Ich habe ein Mittel gefunden, die Wasser bei einer Belagerung abzuleiten, Fallbrücken zu machen und eine Reihe Instrumente für solche Gelegenheit.
3. Wenn die Höhe der Mauern oder die Stärke der Position eines Platzes nicht erlaubt, in einer Belagerung mit den Kanonen zu nahen, habe ich ein Mittel erfunden, jeden Thurm oder andere Befestigung, sobald sie nicht auf Felsen gebaut ist, zu ruiniren.
4. Ich verstehe auch eine Art Kanonen (bombarde) zu fabriziren, sehr leicht und bequem zu transportiren, welche entflammte Stoffe schiefst, um Schrecken unter die Feinde zu verbreiten mit Hülfe eines grofsen Rauches, ihnen Schaden zuzufügen und sie in Unordnung zu bringen.
5. Ferner eine Methode, ohne Lärm die unterirdischen Gänge zu graben, um in einen Graben oder ein Flufsufer zu gelangen.
6. Kräftige Wagen, offen, defensiv und offensiv, mit Artillerie versehen, dringen in die Mitte der Feinde ein; keine Waffenmasse gibt es, sie zu brechen, und dicht dahinter kann Fufsvolk folgen ohne Schaden und Hindernifs.
7. Ich kann auch Bombarden giefsen, wenn es nöthig ist, Mörser und Feldgeschütze in schöner und nützlicher Form und für den gewöhnlichen Gebrauch.
8. Dort, wo die Bombarden nicht angewendet werden können, fertige ich andere Geschütze (briccolè manghani, Arabucchi ed altri instrumenti) von wunderbarem Effekt und starkem Gebrauch. Je nach Erfordernifs werde ich die Offensivwaffe bis ins Unendliche variiren.
9. Wenn das Geschick einer Seeschlacht droht, so habe ich eine Reihe Waffen und Instrumente für Angriff und Vertheidigung in Bereitschaft; ebenso Schiffe, welche dem Feuer der gröfsten Artillerie widerstehen (Panzerschiffe??) und Pulver und Feuerarten.
10. In Friedenszeiten wird es nützlich sein, zu allgemeinem Nutzen (benissimo

a paragone di omni) Architektur zu pflegen, Gebäude für Private und die Oeffentlichkeit, und die Wasser von Ort zu Ort zu führen.

Ich beschäftige mich auch mit Skulpturen in Marmor, in Bronze und in Erden; ebenso fertige ich Gemälde, alles was man will. Ich würde auch an der Reiterstatue in Bronze arbeiten können, welche zum unsterblichen Ruhme und ewiger Ehre, also auch zur glücklichen Erinnerung Eurer Herrlichkeit Vaters und des fürstlichen Hauses Sforza errichtet werden soll.

Wenn einige dieser Sachen, von denen ich geredet habe, unmöglich und unausführbar erscheinen sollten, so biete ich mich an, sie auszuführen in Eurem Park oder an einen Ort, wo Ew. Exzellenz will, — womit ich ergebenst mich so viel als möglich empfehle.“

Dieser Brief ist im Codex Atlanticus enthalten und unzählige Male kopirt und edirt. Am sorgfältigsten hat ihn jedoch Francesco di Giorgio Martini geprüft und sich die Mühe gegeben, die darin enthaltenen Versprechungen durch wirkliche Entwürfe, Projekte etc. in den Manuskripten zu belegen. Es ist ihm dies nicht nur gelungen, sondern er hat im Codex Atlanticus eine solche Fülle von Material für die Beantwortung der zehn Paragraphen gefunden, dafs er eine überreiche Ausbeute für seinen Trattato di Architettura civile e militare (1841, Turin, Carlo Promis) sammelte.

Von den Entwürfen zu Feuerwaffen speziell, die von Leonardo in Menge vorgeführt sind, haben verschiedene Schriftsteller kleinere oder gröfsere Auswahl getroffen und edirt, so besonders Angelucci, Documenti inediti per la Storia delle armi da fuoco Italiane. Venturi hat die folgenden Abschnitte nach den Pariser Manuskripten publizirt:

„Weil heute die Artillerie ihre Kraft um $^3/_4$ vermehrt hat, mufs man den Widerstand der Mauern auch um $^3/_4$ vermehren. — Das Ravelin ist der Schlüssel des Platzes; wie er den Platz vertheidigt, so mufs er vom Platze vertheidigt werden. Das Ravelin, mehr entfernt vom Platze, ist den Schüssen der Angreifer mehr ausgesetzt. Der Feind suche sich in den Trancheen des Glacis einzunisten, welches die Gräben *LB* und *HK*

Fig. 36.

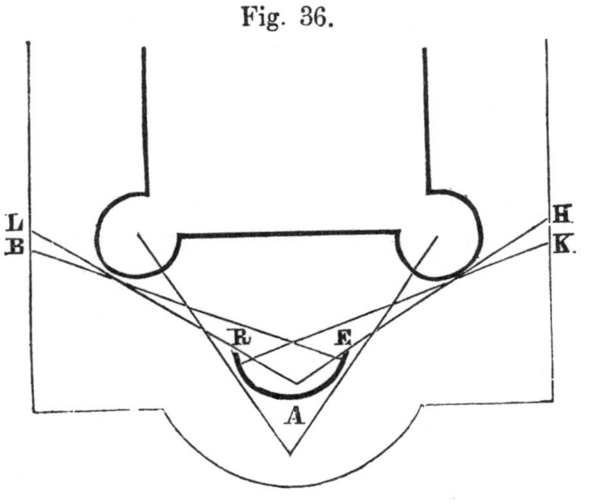

Fig. 37.

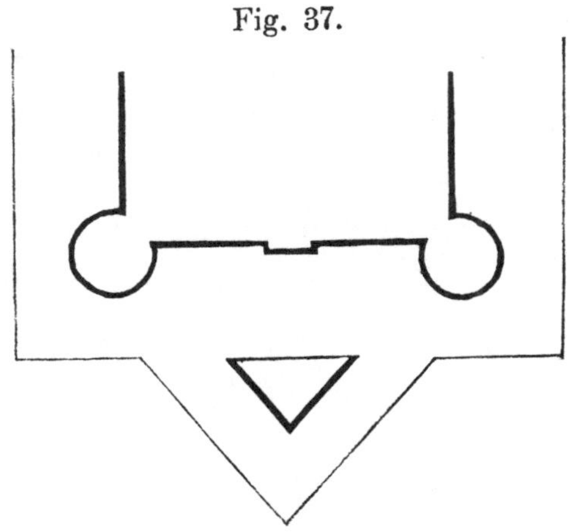

Fig. 38.

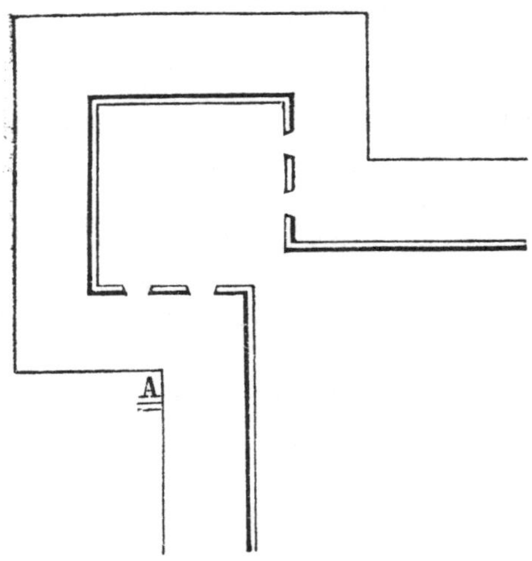

begrenzt (Fig. 36), und richte sein Feuer so, dafs es das ganze Ravelin zerstört. Alle Partieen des Glacis und Ravelins müssen dem Bombardier des Platzes sichtbar sein. Keine Artillerie darf *A* treffen. Die Fig. 37 gibt ein Bild eines Ravelins für ein Fort. Diese Fortifikation beherrscht den Graben und die Wälle. (Fig. 38.) Wenn ein Feind *A* eingenommen hat und die Gräben mit Erde ausfüllt, setzt er sich der Artillerie aus, die die Gräben entlang schiefst. In einer Festung auf dem Gebirge mufs man ringsum tiefe Keller graben, um zu verhindern, dafs der Grund durch das Feuer von unten her zerstört wird. Die Keller, welche man unter der Erde herstellt, um die Mauer einer solchen Festung zu stützen, müssen unter der untern Mauernpartie aufgeführt sein, etwa wie in Fig. 39 gezeigt wird. Die Gallerie *AB* soll etwa $1^1/_2$ Ellen breit sein auf 3 Ellen Höhe. Man wendet bei *B* im rechten Winkel, so bei *C* und *D* bis zum Thurm *FG* und fährt so fort. Wenn die Mauer terrassirt ist, mufs man den Thurm jenseits der Mitte der Mauerdicke placiren.“ Eine andere Stelle handelt von den Minen und deren Anlage. Leonardo bespricht ferner die Wirksamkeit einer steinernen Kugel gegenüber dem Bleigeschofs. Er erläutert dies alles noch durch Zeichnungen und Angaben, während eine Reihe Tafeln nur von Details und besonders Befestigungen, Sturmmaschinen, Artillerie u. s. w. reden.

Fig. 39.

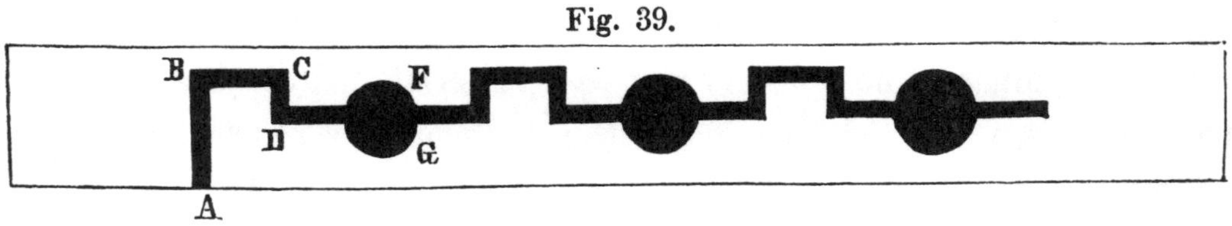

Unter diesen Zeichnungen sind die interessantesten folgende: Der Architronitus oder die Dampfkanone, welche wir oben bereits abgebildet und beschrieben. Sie ist es, die uns lehrt, dafs der Gebrauch des Wasserdampfes und seiner Expansion zu Leonardo's Zeit nichts Ungewöhnliches, keine neue Idee war, und es beweist dies auch die (auf Tafel 300 gegebene) Vorrichtung, um Wasser zu heben, bewegt durch Dampf, und die gegen den Strom gehende Barke (Fol. 233), dafs die hierin ausgedrückten Kenntnisse über den Wasserdampf der Zeit des Leonardo angehörten. Unter der Zahl der Kanonenkonstruktionen finden wir mannigfache sinnreiche Stücke, rotirende, drehbare Mitrailleusen, — ferner viele andere Geschütze unter Anwendung von Schleuderkraft und Schwungkraft, mächtige auf Räder gestellte Armbrüste, ferner ganze grofse Batterien von Büchsenläufen, die auf dem Mantel grofser Treträder tangential in 4 bis 8 Reihen aufgebracht sind und nach einander abgeschossen werden.

Die Herstellung von Kanonen scheint ihn besonders beshäftigt zu haben. Wir finden im Codex Atlanticus eine Zeichnung, die uns lehrt, mit was für einem Instrument

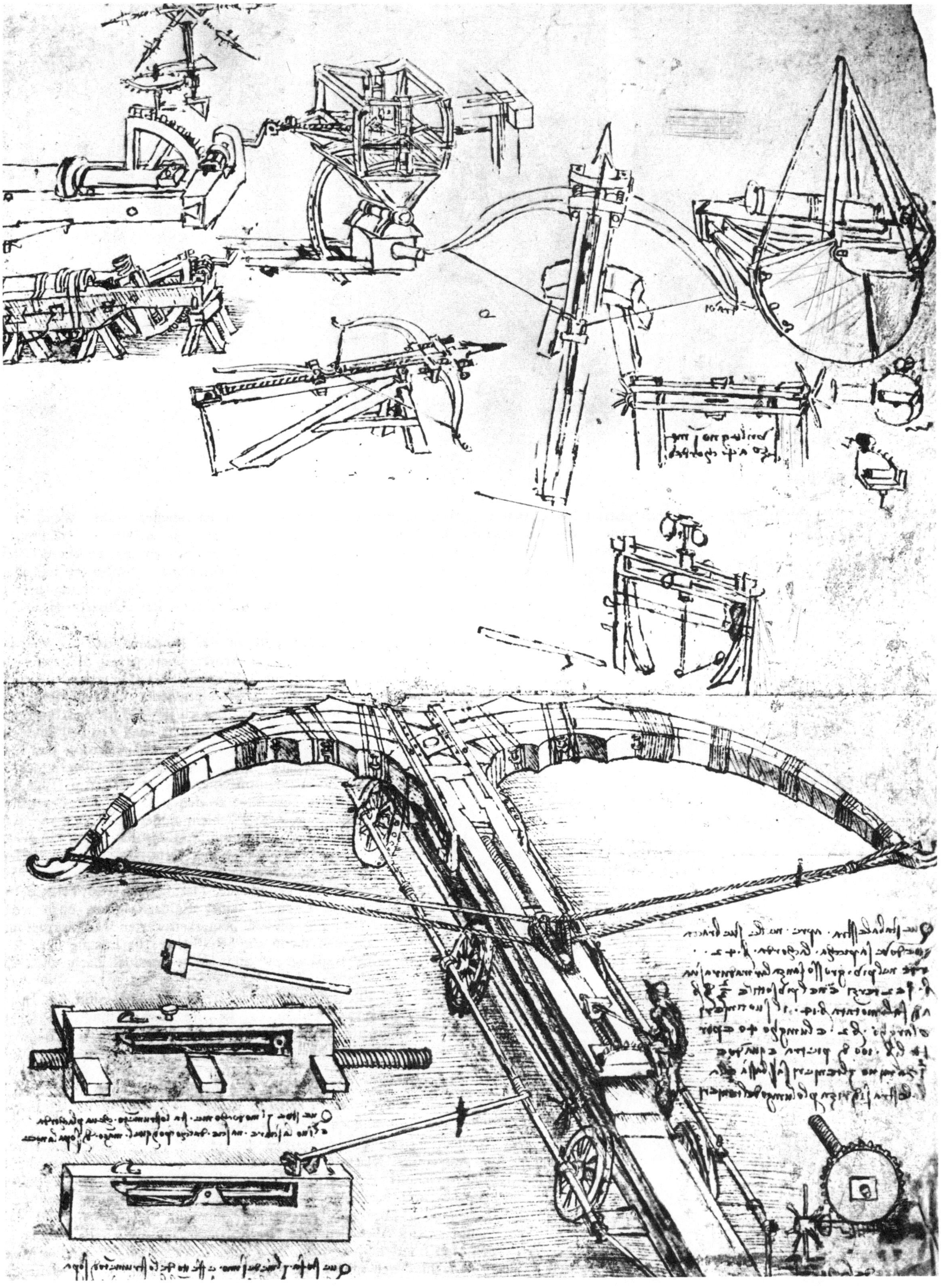

Große Wurfmaschine auf einem Fahrgestell mit schrägstehenden Rädern sowie kleinere Wurfmaschinen

Leonardo bohrte, d. h. offenbar nachbohrte und Züge einschnitt. Dasselbe ercheint als ein Cylinder, welcher der Längsachse nach mit Leisten von rechteckigem Querschnitt und scharfen Kanten besetzt ist, welche in gleichen Zwischenräumen gleich der Hälfte ihrer Kopfbreite aufgestellt sind. In diese Leisten ist eine Spirale eingeschnitten, die allerdings erhabene Züge hervorbringen müfste. Das Rohr ist vorn und hinten offen, — also wie bei unseren Hinterladern, — und am vorderen Ende erblicken wir die Bohrstange hervorragen und mit Hebeln zum Drehen versehen. Einige der Kanonen zeigen Ornamentik und stellen wohl Festkanonen vor, wie solche dazumal viel gefertigt wurden.

Ueber die Geschosse, ihre Gewichte, ihre Flugbahn, sowie über Tragweite der Geschütze finden sich oft Bemerkungen. An einer solchen Stelle sagt Leonardo da Vinci:

„Die Kugeln der Bombarde machen eine Meile in fünf Zeitabschnitten, von welchen Zeiten eine Stunde zusammengesetzt ist von 1080 u. s. w.“, wobei er auf das Resultat kommt, dafs eine solche Kugel per Sekunde 110 Meter macht. —

Also auf diesem Gebiete leistete Leonardo da Vinci Bedeutendes. Die Anerkennung, welche er bei seinen Zeitgenossen fand, war grofs; wir haben bereits oben gesehen, dafs Magenta bei seinen Befestigungsarbeiten für Florenz den Leonardo fleifsig studirte. Ebenso befahl Valentin Borgia allen seinen Platzingenieuren, sich nach den Anordnungen des Leonardo zu richten.

XIV.

Wir haben uns bereits im III. Abschnitt unseres Resumés bemüht zu zeigen, in welcher Blüthe die Industrien in einzelnen Städten und Ländern von Italien standen und arbeiteten. Diese letzte Behauptung belegt nun Leonardo noch ganz besonders durch die zahlreichen Dessins und Skizzen, welche er bezüglich des Maschinenwesens hinterlassen hat. Es würde lächerlich klingen, wollten wir behaupten, alle diese Skizzen seien Inventionen des grofsen Mannes, — es wäre aber ebenso lächerlich, wenn wir ihm nicht zuerkennen wollten, dafs er für die bessere Gestaltung und den Gang der Maschinen und Apparate viel gethan habe, — ebenso wie es absurd erscheinen müfste, wenn wir die maschinelle Arbeit in jener Zeit nicht anerkennen wollten! Mit den geschichtlichen Daten vielmehr stimmen die Leonardo'schen Skizzen vorzüglich überein! Wir haben gesehen, welchen Ruf die Florentiner für ihre Appretur hatten — und wir finden bei Leonardo trefflich ausgeführte Zeichnungen von Scheermaschinen, Waschmaschinen, Pressen und Calander. Wir wissen, dafs Bologna durch seine Spinnerei dominirte, und wir finden bei Leonardo schön durchdachte Spinnapparate, welche das später erfundene Jürgens'sche Spinnrad weit hinter sich lassen an Vollkommenheit. Die Bauten in Mailand und Florenz stiegen mächtig empor — und wir finden bei Leonardo Steinsägen und Instrumente, die Steine zu bearbeiten. Ist dies alles so ganz zufällig? Gewifs nicht! Die Blüthe der Industrie mufste den Leonardo anregen zur

Theilnahme an dem wissenschaftlichen Theil, ihn den geschickten und aufmerksamen Mann, — und andererseits konnte es nicht fehlen, dafs die Industrie sich bei diesem talentvollen und zugleich menschenfreundlichen Manne Raths erholte, ihn anging, ihre Maschinen zu verbessern und neue zu erfinden. Das bedeutendste Argument aber, dafs eine gewisse Entwickelung des Maschinenwesens mit Leonardo's Talent dafür zusammentraf, finden wir in der Gestalt, Form und in den Details der Maschinenskizzen des Leonardo. Da ist nichts von der Plumpheit der Formen, wie bei allen späteren Illustrationen Jahrhunderte lang noch vorwaltete, nichts von verwickelten und albern erscheinenden Kombinationen, — alles ist proportionirt und richtig berechnet, ja oft von einer gewissen eleganten Form, und die Details zeigen eine Fülle von Mechanismen, die dem Leonardo das Abc der Maschinenkonstruktion scheinen. — Für uns, die wir die Manuskripte Leonardo's durchstudirt haben, die wir die Geschichte der Industrie seiner Zeit prüften, die wir das Leben und die Stellung des Mannes zu durchschauen uns bemühten, die wir die Thätigkeit seines Geistes, die Solidität seines Schaffens und Denkens, seine Abneigung gegen unfruchtbare Spekulationen und Spielereien kennen, — für uns steht fest, dafs Leonardo da Vinci seine Zeichnungen nach den und für die Maschinen seiner Zeit gemacht hat, dafs er ebenso von ihnen gelernt und sie verbessert, vielleicht manche neue erfunden hat.

Grothe hat sich über die Art und Weise, wie wohl Leonardo arbeitete, folgender mafsen verbreitet (Polyt. Zeit. 1873 No. 10):

„Bevor ich auf die vielen Maschinenkonstruktionen des Leonardo eingehe, mufs ich zunächst den Eindruck bezeichnen, den man bei dem Studium der zahlreichen Manuskripte gewinnt über die Art und Weise, mit welcher Leonardo da Vinci an den Entwurf, resp. die Konstruktion einer Maschine herangegangen ist und dabei zu Werke gegangen ist. Natürlich rede ich hierbei nur von dem Eindruck; aber die Zahl seiner Studien zu solchen Zwecken ist so grofs, und stets zeigt sich dabei eigentlich dieselbe Methode, — so dafs man wohl den hieraus gewonnenen Eindruck als einen der Thatsache nahe verwandten erachten kann. — Ist dem Leonardo eine Aufgabe gestellt gewesen, so hat er sich eine allgemeine Idee der Lösung gebildet und meistens diese flüchtig skizzirt, und dann beginnt er die Details zu durchdenken und alle Momente ins Auge zu fassen. Dies zeigen die zahlreichen Details und Variationen derselben, von denen die meisten seiner Hauptblätter entourirt sind, ferner mathematische Figuren und Rechnungen und eingeschriebene Bemerkungen, zuweilen speziellere Erklärungen der Figuren. War er dann mit seiner Konstruktion zu Ende gelangt, war sie in allen Theilen fertig, so nahm Leonardo ein frisches Blatt, und in sicheren Strichen steht dann die Zeichnung da. Hat ihm die Lösung nicht gefallen oder ist ihm die ganze Sache langweilig geworden, so zeichnet er mitten zwischen diese Details wohl eine Fratze oder eine Arabeske. — Für die Rein-Zeichnungen mufs man rühmend erwähnen, dafs sie sich gegen die späteren Zeichnungen, wie sie Vegetius Renatus, Salomon de Caus, Besson, Ramelli, Reimondus Montus, Zeising, Verantius, Branca, Nicolai Zucchio, Paulo Casato, Jungenickel, Kircher, Furttenbach, Böckler, Leupold, Gallon u. s. w. geben, vortheihaft auszeichnen durch Richtigkeit der Perspektive und Wirksamkeit der Schattenprojektion, sowie durch proportionirte Formen der Gestelle, Getriebstheile u. s. w. Als Beispiel hierfür führe ich die in dem Codex Atlanticus in Mailand auf Blatt 195 (No. II) dargestellte Maschine zum Zersägen der Steine resp. des Mormors an. Leonardo gibt hiervon auf der Mitte des Blattes eine kleine flüchtige Skizze, nebenher und darunter noch mehrere, dann beschäftigt ihn die Befestigung der beiden Sägeblätter in einem Rahmen speziell, sodann die Bewegung dieses Rahmens. In einigen Sätzen, die er zwischen diese Details schrieb, setzt er seine Ideen über die Balance der Säge auseinander und über die gleichmäfsige Einführung der Smirgelmaterien in die Schnittlöcher. Er kommt zu der Ueberzeugung, dafs die Sägenblätter doppelt so lang sein müfsten als der Stein selbst, wenn der Zug der Säge die Steineslänge betragen solle, und dafs die Zugstangen auf festen, aber je nach der vorgerückten Tiefe des Schnittes versetzbaren Unterlagen sich bewegen müfsten, die auch nach der Seite hin die Bewegung normalisiren. Durch solche eingehende Betrachtungen, von ca. 32 Detailszeichnungen und Skizzen begleitet, gelangte dann Leonardo zu der Schlufskonstruktion, die er uns in einer perspektivischen Ansichtszeichnung, mit Sepia schattirt, so vorführt, dafs sie einmal zeigt, wie Leonardo's Konstruktion mit der heutigen in Carrara u. s. w. gebrauchten Marmorsäge identisch ist, sodann aber dafs sie sicherlich für die Praxis bestimmt war. Ganz ähnlich könnte ich hundert Beispiele aus Leonardo's Manuskripten beibringen.“ Wir geben hier die ganze Tafel des Leonardo autographirt wieder.

Die allgemeine Maschinenlehre, wie sie Leonardo in seinen Manuskripten in der That aufbewahrt hat, ist überraschend umfangreich.

Beginnen wir mit den Motoren, so finden wir bei ihm das Wasser als den ersten und hauptsächlichsten Motor benutzt, daneben aber die Menschenkraft am Tretrad in vielerlei Gestalt und an der Kurbel.

Die heifse Luft wendet er bei einem Bratspiefs an zur Bewegung desselben, und mit Dampf bewegte er eine Pumpe und eine Barke. Wir wollen die letzten Beispiele als Kuriositäten und Zufälligkeiten hinnehmen und wollen die Treträder nicht weiter speziell betrachten, trotz der reichen Fülle der Variationen ihrer Konstruktion bei Leonardo, sondern wollen seine Ideen für die Konstruktion der Wassermotoren näher beleuchten.

Dafs Leonardo die gewöhnlichen, seiner Zeit bekannten Wasserradkonstruktionen wiedergibt, ist ja natürlich. So gibt er die alten Löffelräder,*) in verschiedenen Varia-

*) Ein sehr schön ausgeführtes Löffelrad gibt Leonardo in Codex Atlant. fol. II. Dasselbe ist fast genau so wie z. B. Luckenbacher's Mechanik fol. 191 wiedergibt, nur sind die Schaufeln dichter gestellt.

tionen, sowie mittel- und oberschlächtige und unterschlächtige Räder, die nur wenig von den Konstruktionen derjenigen abweichen, die allerdings erst nach Leonardo zuerst durch Druck und Illustration bekannt wurden. Dagegen finden wir auch eine Zahl anderer Ideen und Skizzen bei Leonardo. welche uns lehren, dafs der grofse Ingenieur bestrebt war, eine bessere Ausnutzung der Wasserkraft zu erzielen. Er wurde hierauf wohl durch seine Beobachtungen über die Bewegung des Wassers in Flüssen und Kanälen hingeführt.

Wir bringen in folgenden Abbildungen z. B. Fig. 40a. Ideen des Leonardo zur

Fig. 40.

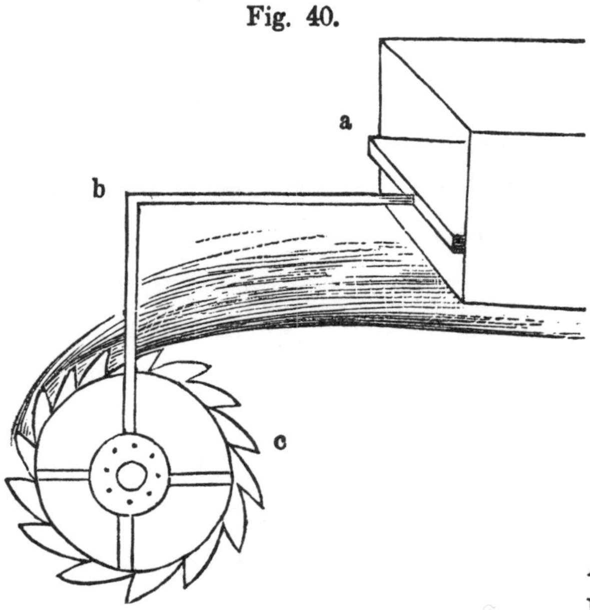

Fig. 40a.

Anschauung, die Beachtung verdienen und die Konstruktionen hier und der darauf folgenden Zeit übertreffen. In Fig. 40 finden wir zunächst das oberschlächtige Rad *c* mit einer Schaufelstellung, die bereits rationeller gedacht ist und bei welcher der wasserhaltende Bogen sehr vergröfsert ist. Die Anordnung bei *a* aber läfst darauf schliefsen, dafs Leonardo eine Art Spannschützen im Auge hatte. *a* ist deutlich skizzirt als ein verschiebbarer, ausziehbarer Boden. Ob nun das Rad in den Armen hing, die von *a* ausgingen, ist zweifelhaft; vielmehr scheint es, als ob dieser Arm eine Art Regulirung des Zuflusses mittelst eines am Rade vorhandenen Mechanismus vollführen sollte. — In Fig. 41 ist eine Umänderung eines Löffelrades, aber in wesentlich verbesserter Gestalt gegeben. Hier schliefst eine volle Scheibe zunächst das ganze horizontale Rad. Um einen Radkern auf der stehenden Welle sind dann die stehenden Schaufeln radial aufgesetzt, so dafs dieselben förmliche Kasten mit Kernmantel und Scheiben bilden. Das Wasser wird in einem stehenden Rohre zugeleitet und strömt durch eine rechtwinklige Umbiegung desselben direkt in die Zellen ein. Der Gedanke der Aufsammlung des Wassers in stehenden Röhren und Zuleitung durch Wassersäulen in freier Ausströmung auf diese Räder ist höchst be-

Fig. 41.

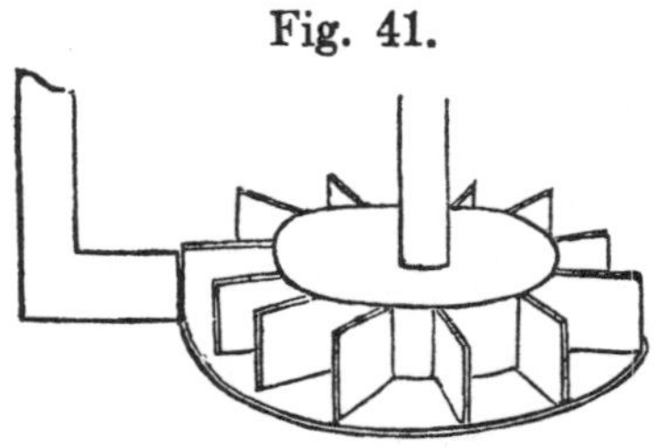

merkenswerth. — In Fig. 42 finden wir eine andere Lösung derselben Idee; hierbei ist

Fig. 42.

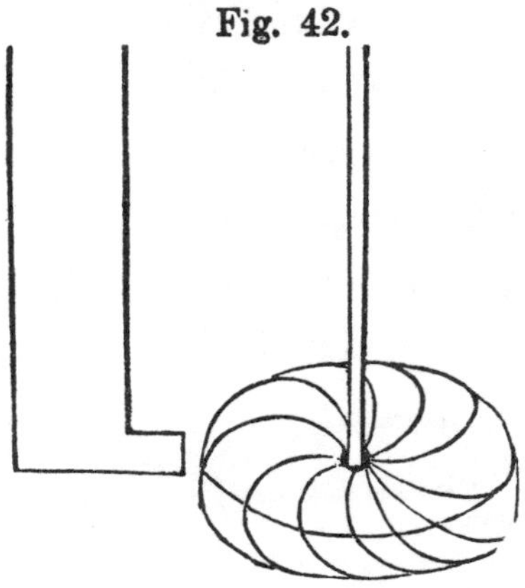

Fig. 43.

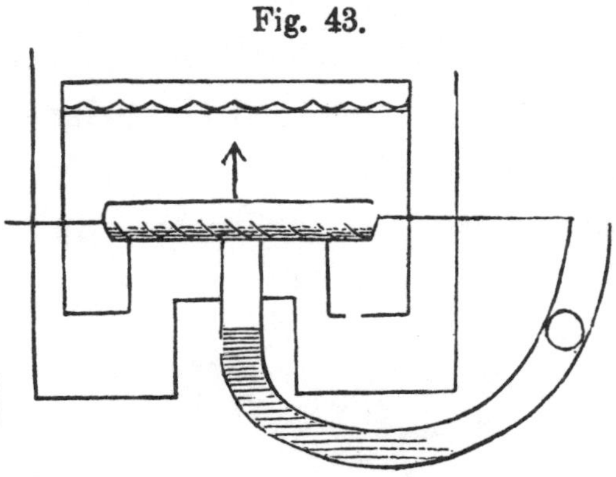

das horizontale Rad mit Kurvenschaufeln versehen. Leider ist die Skizze desselben undeutlich; vielleicht drückte sie viel mehr aus, als jetzt ersichtlich ist. In Fig. 43 aber führen wir eine Skizze vor, welche dem unbefangenen Beobachter selbst als eine Idee zu einer Turbine (à la Fourneyron) erscheinen möchte. Dieselbe steht auf einem Blatte des Codex Atlanticus, welches fast nur Skizzen hydraulischen Karakters enthält, unter Anderem mehrere Skizzen von Wässerrädern, fol. 283. Wir enthalten uns, wie gesagt, jeder positiven Behauptung hierüber, — da ein Aufschlufs gebender Text in dem Manuskript fehlt.

Zu den Arbeits-Maschinen selbst übergehend, führen wir zunächst folgende Einleitung aus der Po'yt. Zeitung (Grothe) hier an:

Wenn Reuleaux in der Einleitung zur Kinematik Leupold in der ersten Hälfte des 18. Jahrhunderts als den ersten Mechaniker nennt, der in seinem Werke Theatrum machinarum die Maschine in einzelne Theile zu zerlegen begann und diese für sich betrachtete, — so bedauren wir, dafs dem geistvollen Förderer der Kinematik eine Einsicht in die Werke Leonardo's nicht vergönnt war [— wie es ja leider seit Leonardo's Tode nur 8—10 Männer gegeben hat, die diese Manuskripte studirten, und auch von diesen thaten wieder mehrere dies nur zum Amüsement und betrachteten Leonardo's Leistungen auf diesem Gebiete nur als Curiosa, wie z. B. der Artiste 1841 nur eine ausführliche Wiedergabe der Leonardo'schen Dampfkanone brachte, die in Förster's Bauzeitung von 1855 p. 143 übergegangen ist. Und doch schreibt auch hier der Publizist: „So wunderbar die Sache ist, so ist sie nichts destoweniger wahr; die Dampfkanone wird von dem unsterblichen Maler des heiligen Abendmahls und zwar mit einer Genauigkeit beschrieben und skizzirt, welche nicht den geringsten Zweifel gestattet.“] Die gröfsere Veröffentlichung von Venturi enthält nur die Gedanken des Leonardo über Prinzipien der Physik und Mechanik, nichts (wenigstens nichts von seinen Zeichnungen, die hierfür Hauptsache sind) über seine machinellen Konstruktionen und mechanisch-praktischen Studien. Wenn Leupold nun die Maschinen zu zerlegen anfing und eine Betrachtung der Details folgen liefs, — so betrachtete Leonardo mit Rücksicht auf einen vorgesetzten Zweck zuerst die ihm zu Gebote stehenden oder möglichen Maschinentheile und setzte daraus eine Maschine zusammen. Dabei spielte die Art der Bewegung der einzelnen Theile eine Hauptrolle. — Unter den Mitteln und Anordnungen, seinen Zweck zu erreichen, beweist Leonardo einen klaren Blick und ein umfassendes Genie, neue Mittel zu erfinden, die seinem Vorsatz zu Hülfe kommen sollen. Dies wird uns aus vielen seiner Entwürfe ganz einleuchtend. Wir wollen hier nun eine Reihe von Bewegungsmechanismen mittheilen, die Leonardo kannte und bei Gelegenheit anwendete oder auch auf Anwendbarkeit betrachtete und prüfte. In dem Ambrosianischen Codex Fol. 364 ist eine Betrachtung Leonardo's dieser Art aufbewahrt. In Fig. 44 geben wir danach

Fig. 44.

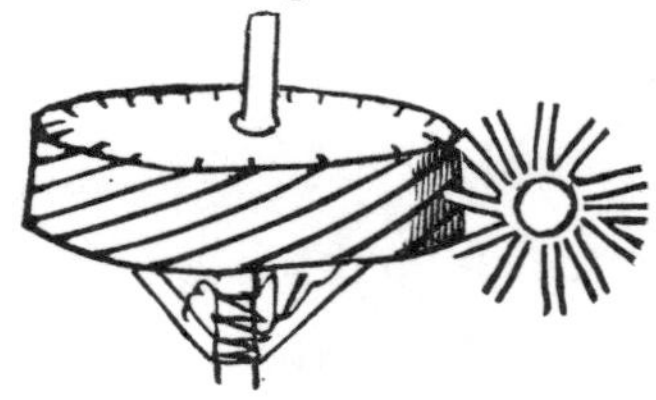

Fig. 45.

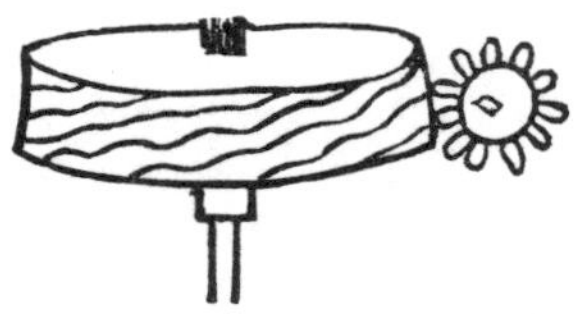

Fig. 46.

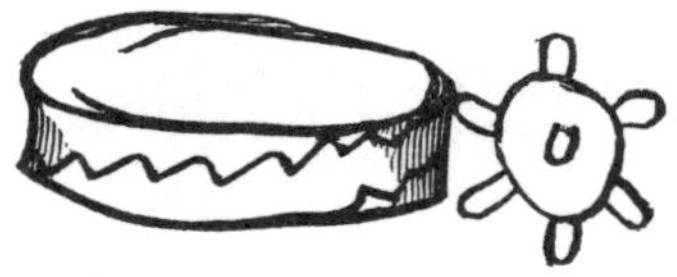

Leonardo's Skizze wieder für eine Bewegungsübertragung mittelst eines Rades, dessen Mantel mit spirallinigen Nuthen versehen ist, in welche die Stäbe des getriebenen Speichenrades eingreifen und dieses somit in eine gleichförmige Umdrehung versetzt wird. Bei der Einrichtung in Fig. 45 sind die Nuthen in wellenförmigen Kurven am Mantel herumgelegt. Figur 46 zeigt dagegen eine Zickzacknuth, die in einem Gange um den Mantel gelegt ist. Das getriebene Rad erhält dadurch eine fortschreitende Bewegung mit kleinen Ruhe- und Rückgangsintervallen. — Bei Figur 47 und 48 will Leonardo durch das Rad direkt ein Werkzeug bewegen, und zwar versieht er die obere und untere Kante des Mantels 3 in Fig. 00 mit scharf absetzenden Zähnen, deren Gipfelpunkte in der Parallelen zur Treibaxe und in einer Linie liegen. Diese Zähne werden berührt unten und oben von den Armen einer Zange, deren Maul und Arbeitsbacken nach aufsen gestellt sind. Federn drücken die Hebelarme mit dem Maul zusammen und wirken dadurch auf die Griffe der Zange und bewirken, dafs dieselben stets auf der Kante der Mantelzähne schleifen. Befinden sie sich auf den Höhen der korrespondirenden Zähne, so erfolgt ein Oeffnen der Zange, gleiten sie zum Fufs der Zähne, so erfolgt durch Wirkung der Federn plötzlicher Schlufs der Backen. In der Figur 48 ist blofs ein Zahnausschnittskranz des Rades vorgesehen zur direkten Bewegung eines schweren Schmiedehammers. — Alle diese Räder mufs man sich vorstellen als auf einer Turbinenachse aufgesetzt; Leonardo zeichnet ein horizontales Wasserrad unter Fig. 48 unmittelbar darunter. — In Fig. 49 begegnen wir der allerdings interessantesten Idee. Leonardo denkt hier an ein hyperbolisches Schraubenrad oder eine von Nuthen in Spiralkurven umzogene Hyperboloide als Radform. Die Kurve der Hyperboloide ist hierbei durch den Kreis bestimmt, welchen die Umdrehung des getriebenen, vierarmigen Rades zur Umdrehung verlangt, während der Gedanke des Leonardo den unteren ankommenden Flügel

Fig. 47.

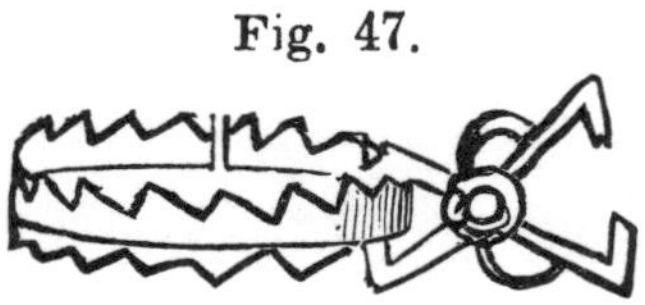

Fig. 48.

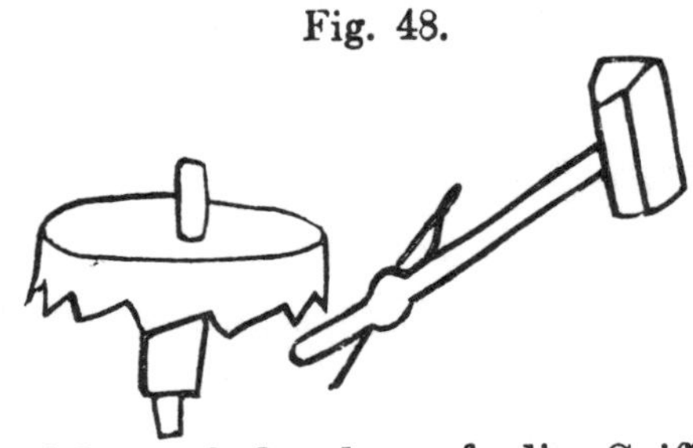

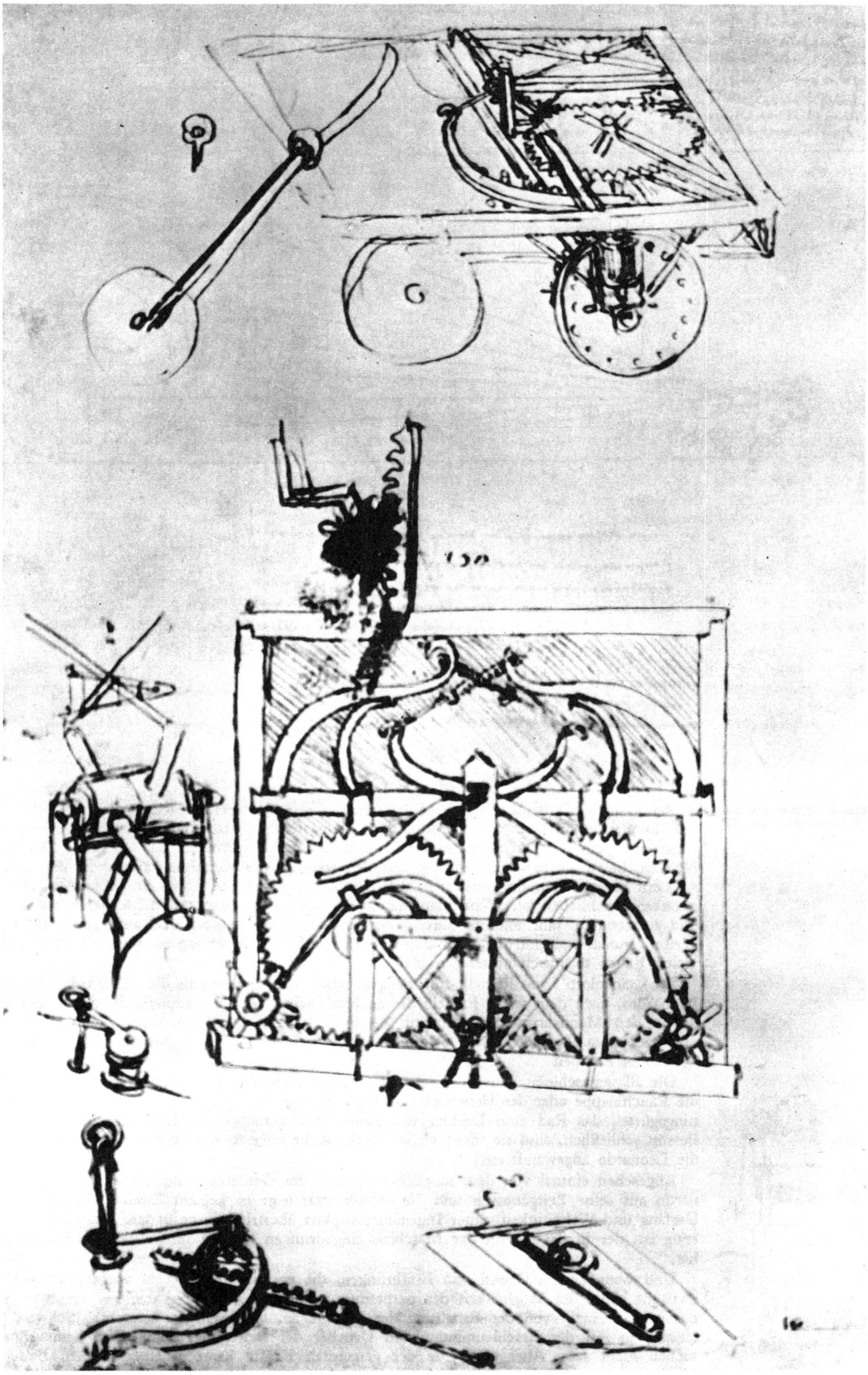

Durch ein Federnsystem angetriebener Wagen mit Differentialgetriebe

von dem Anfang der Nuth erfassen läfst, in demselben Moment, wo der obere Flügel die Kurvennuth verläfst. Mir scheint, dafs Leonardo die unmmittelbar unter Fig. 49

Fig. 49.

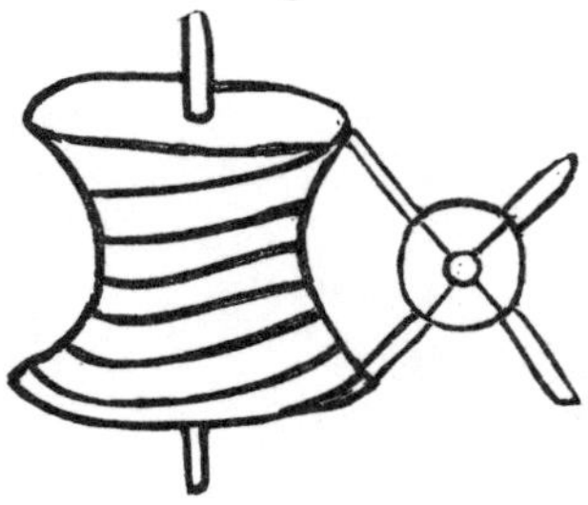

Fig. 50.

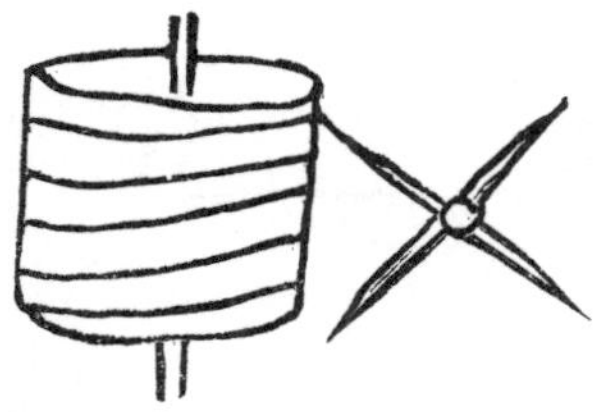

Fig. 51.

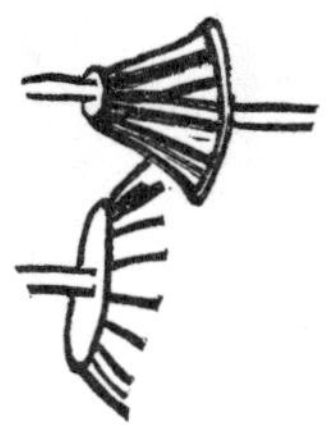

Fig. 52.

folgende Fig. 50 nur angegeben hat zur näheren Berechnung der Kurven auf den Flächen des Hyperboloids; es stimmen die Gänge und die Lage derselben überein. —

Fig. 53.

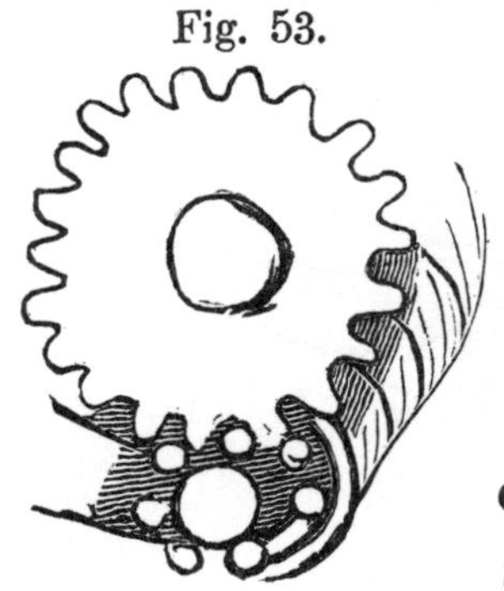

Fig. 54.

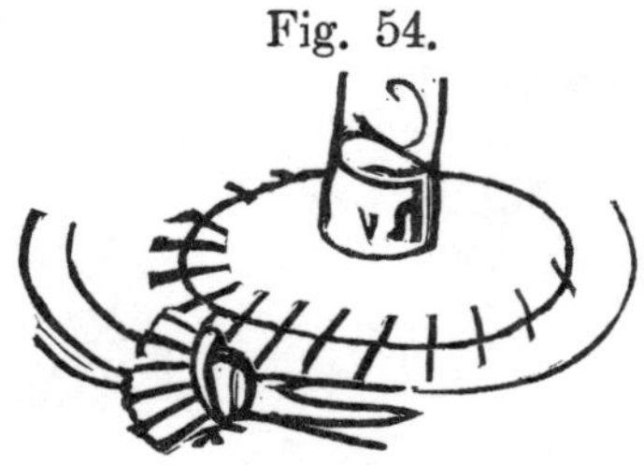

In Fig. 51 ist ein Eingriff eines Zahnrades in ein Drehlingsrad auch als kegelförmiges Stabrad gedacht, während der Drehling ebenfalls Kegelrad ist. In der kleinen Skizze Fig. 52 denkt Leonardo zunächst an ein Zahnrad, mit welchem ein in schräger Ebene dazu wirkendes getriebenes Rad zusammenarbeitet. Augenscheinlich beschäftigt Leonardo in dieser Skizze der Gedanke an eine schräge Verzahnung, die er dann in den folgenden Figuren 53 u. 54 zur Bewegung einer Schnecke ausführt, in einer Art von Hyperbelrädern.

Fig. 55.

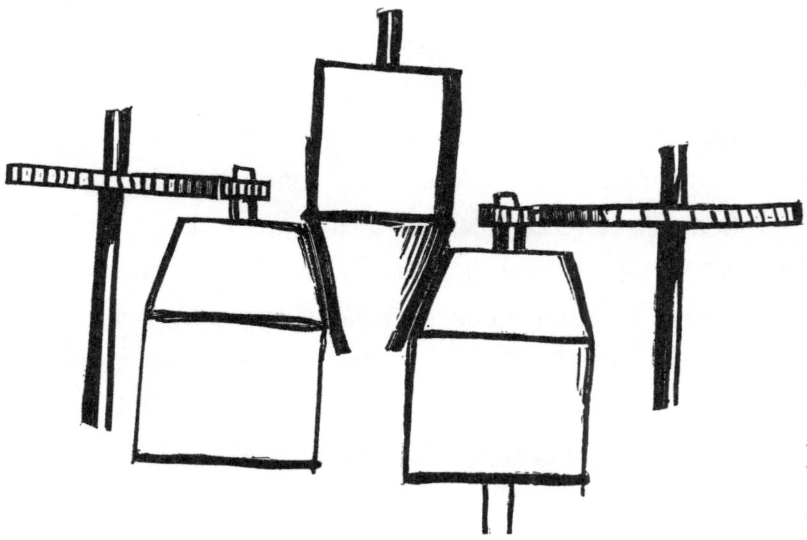

In Fig. 55 gibt Leonardo seine Idee über die Benutzung des Friktionskegelbetriebes.

Er denkt in einer andern ähnlichen Skizze an den Betrieb von drei stehenden Kegelrädern, welche zusammen mit einem hängenden arbeiten.

Die folgende Gruppe (Fig. 56, siehe umstehend) von Mechanismen zeigt die ersten Anfänge und Studien zu den Kegelrädern in Figur 7 und 8. Fig. 8 ist offenbar nur eine Untersuchungsfigur, um etwa die Umgangsverhältnisse der in Fig. 7 dargestellten drei Scheiben des Kegelrades klar zu machen. Ein sonderbares aber zu den flachkonischen Rädern gehöriges Räderpaar ist in Fig. 5 dar-

Fig. 56.

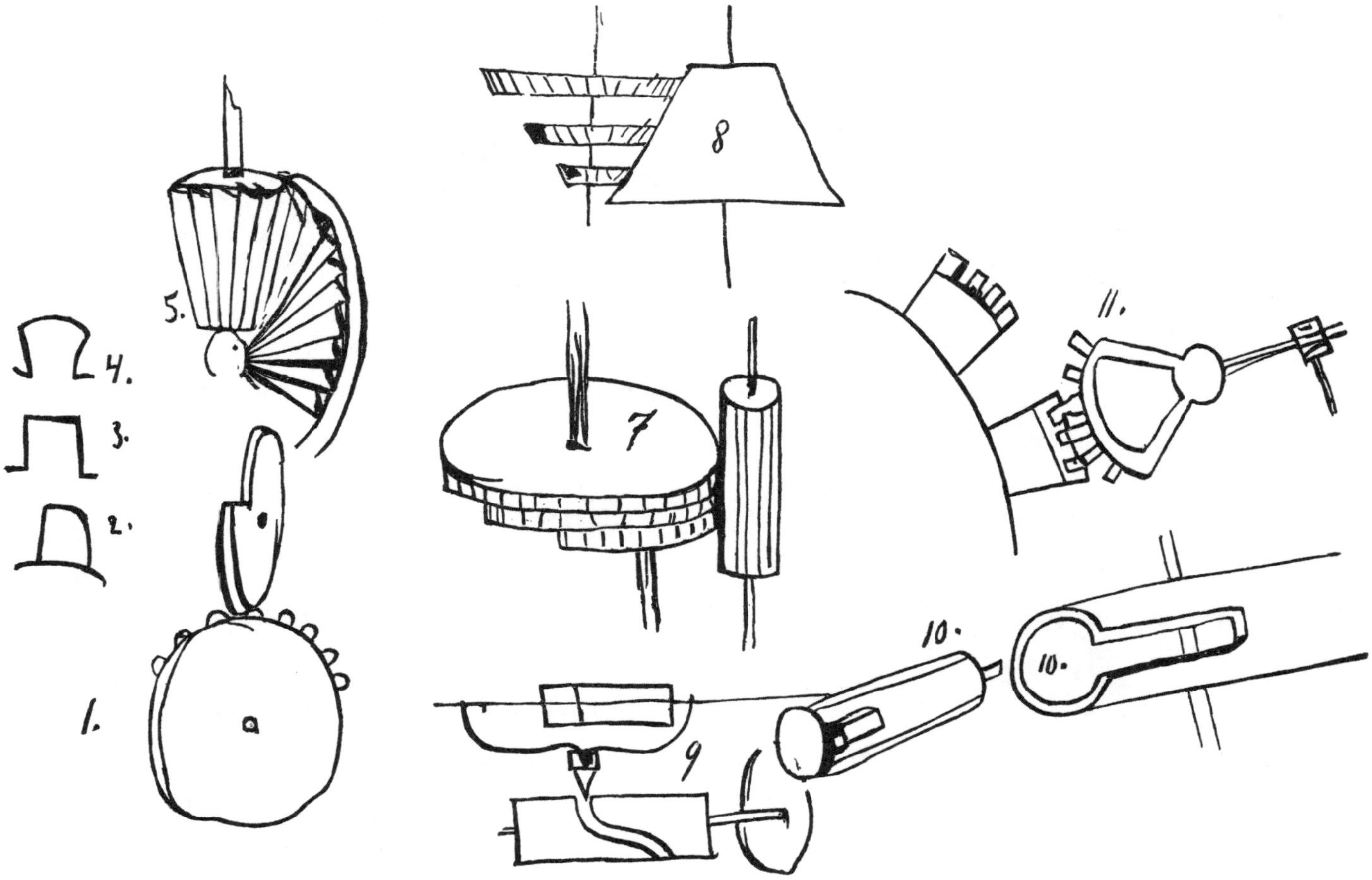

gestellt. Die Zähne haben dabei im Durchschnitt die Gestalt eines rechtwinkligen Dreiecks, dessen gröfsere Kathete in die Ebene des Rades fällt. Aufserordentlich vertraut ist Leonardo mit den Schraubenrädern. Auf der angeführten Tafel 364 behandelt er die durch Schraube ohne Ende getriebenen Zahnräder unter rechtwinklig geschränkten Achsen wie ein ganz geläufiges Konstruktionsmittel, und so auf einer grofsen Anzahl anderer Blätter und in vielen Maschinenkonstruktionen. So benutzt er eine Anordnung, wie Fig. 1 zeigt, ziemlich oft, sogar bei dem Bewegungsmechanismus eines Flugapparates.

Bei einer Maschine zur Streckung des Eisens benutzt Leonardo Schraubenräder zur Uebertragung, bei welchen die Schraube ohne Ende dreimal eingeschaltet ist. Bei derselben ist auch ein getriebenes Zahnrad mit Schraubenmutter im Zentrum versehen, welche die mit Schrauben ganz versehene Zugstange voranzieht. Bei dieser Gelegenheit gibt Leonardo zugleich eine Berechnung der Bewegungsübersetzung bis auf die Walzscheibe vom Wasserrade her.

Die intermittirende, aussetzende Bewegung sucht Leonardo häufig und auf verschiedene Weise zu erreichen. Hierzu dienen ihm Daumenwalzen vorzugsweise, sodann Mechanismen, wie bereits oben abgebildet. Auf vorstehender Gruppe in Fig. 11 gibt Leonardo noch eine andere Anordnung.

Die Zahnräder behandelt Leonardo ebenfalls sorgfältig, und dafs er nach Zahnformen gesucht hat, davon zeugen die Skizzen 2, 3, 4 und andere. Höchst interessant sind seine Räder mit schräger Verzahnung, sowohl bei konischer, als cylindrischer Grundform (Fig. 57). Es sind dies auch die ersten Beispiele von Hyperbelrädern. Leonardo hat dieselben rechtwinklig zur Uebertragung von Bewegung benutzt und dabei den Trieb selbst mit schräger Verzahnung versehen. — Die Zahnformen haben im allgemeinen bei Leonardo eine viel gefälligere und zweckmässigere Form, als bei den späteren Illustrationen hervortritt.

Fig. 57.

Hin- und hergehende Bewegungen erzeugt Leonardo theils mittelst Kurbeln und Zugstangen, theils durch Nuthen und Stifte. Eine solche gleitende, alternierende Bewegung eines Pumpenkolbens ist durch eine Kurvennuth in Fig. 9 dargestellt, zugleich ein sehr interessantes Beispiel für Pumpenkonstruktion. Eine gröfsere Anwendung der Nuth zeigt auf dem Mantel einer grofsen cylindrischen Scheibe acht Zickzackkurven, in welche der Gleitstift eines Mechanismus einragt.

In Fig. 58 und 59 sind die Stell- oder Klinkräder dargestellt, deren sich Leonardo bei der Bewegung der Seilwinden bediente, theilweis um direkt Seile auf die Achse

Fig. 58.

Fig. 59.

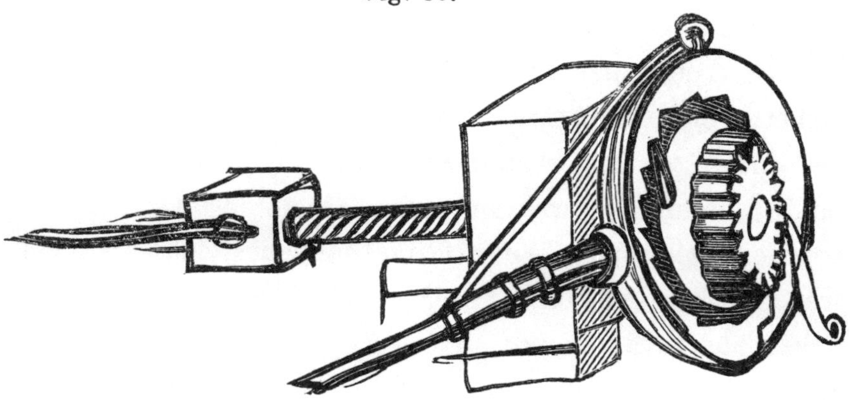

dieser Räder aufzuwinden, theilweise, um durch die Bewegung der mit Schraubengängen versehenen Achse eine Mutter heranzuziehen, an welcher mittelst Ring und Tauen die Lasten befestigt sind. Sehr zweckdienlich sind hierbei die mit innerem Zahnkranz versehenen, eine volle Scheibe auf der Achse mit zwei diametral gegenüberstehenden Eingriffklinken umfassenden Bügelscheiben mit Hebel.

In einer Zeichnung des Räderwerkes einer Uhr wendet Leonardo zwei Steigräder an, deren Zähne um $^1/_2$ verstellt sind, eine oszillirende Hemmung greift in diese Zähne ein. (Die Uhr ist übrigens mit Doppelwerk.) Die Anwendung von Riemen und Riemenscheiben findet sich in Leonardo's Entwürfen seltener vor. — Bewegungsübertragung durch Zahnstangen finden sich ebenfalls vor, zumal bei Uhrwerken.

Fig. 60.

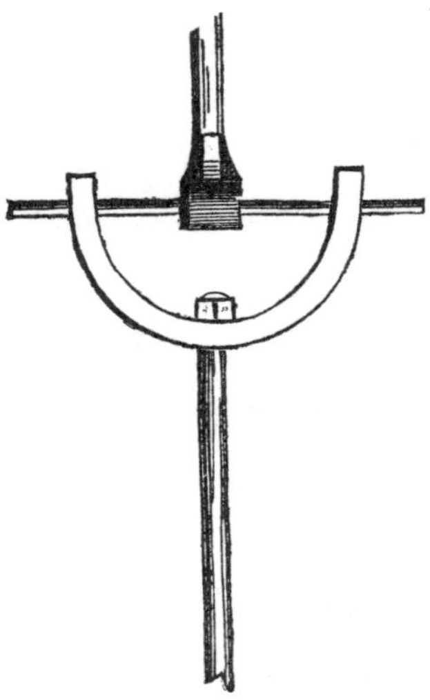

Sehr interessant ist Leonardo's Bekanntschaft mit dem Universalgelenk, für das bisher Cardanus als früheste Quelle angegeben wurde. Wir geben die Zeichnung davon in Fig. 60.*) Von Kuppelungen finden wir bei Leonardo die in Gruppe Fig. 56 als Fig. 10 dargestellte. Sonst hat er die Kuppelung auch wohl durch Scheiben mit Verzahnung bewirkt.

Sehr vielfach wendet Leonardo Kurbeln an, sowohl an den Enden der Welle, als auch in dieselben eingeschaltet.

Die Lage der Wellen mit ihren Scheiben horizontal, geneigt und vertikal bildet den Gegenstand einer besonderen Betrachtung des Meisters. —

Diese Uebersicht wird bereits zur Genüge zeigen, dafs Leonardo die Elemente des Maschinenbaues in einer für seine Zeit weit vorgeschrittenen Weise kannte.

Wir führen nun weiter an von seinen Maschinen:

1. Maschine zum Ausziehen (Walzen, Profiliren) von Eisenstäben. Diese im Codex Atlanticus foglio 2 von einer schönen, deutlichen Figur begleitete Darstellung zeigt aufs Neue, wie eingehend Leonardo studirte.

Leonardo hatte die Aufgabe, die nach damaliger Fabrikationsart der Kanonenläufe aus Eisenstäben nothwendigen Eisenstäbe in einem Profil herzustellen, so dafs die aneinander gefügten Stäbe den runden Lauf zusammensetzten, und nun geeignet verbunden (zusammengeschweifst) werden konnten. Um die Stäbe in dieser Weise auszuziehen, benutzt er einen Mechanismus, der von einer Turbine (Reaktionsrad (retrecine) der damaligen Mode) getrieben wird. Die Turbine enthält am obern Theil ihrer Welle ein Schneckenrad, welches rechts in ein festgestelltes vertikales Zahnrad eingreift, links aber ein mit seiner Welle festverbundenes Zahnrad treibt, welches weiterhin durch eine stehende Zwischenwelle mit Schnecke die Bewegung und Kraft auf eine schwere, starke Achse überträgt, die am andern Ende eine Scheibe enthält, welche die Profilirungsscheibe der Eisenstange sein soll. Diese Profilscheibe ist mit einer Art Spiralkurve umzogen, deren Gestalt, Höhe, Bogensteigung etc. genau berechnet ist. Das obenbesagte rechts von der Turbinenwelle getriebene Rad enthält im Mittelpunkte eine Schraubenmutter, durch welche eine der Länge der auszuziehenden Eisenstange entsprechende Schraubenspindel hindurchläuft. Bei Drehung des übrigens festgestellten Rades wird also die sich nicht drehende Schraubenspindel bewegt. Diese Spindel enthält am andern Ende eine Klaue, in welcher die Eisenstange befestigt wird. Die Eisenstange ist von Rollen unterstützt

*) Dafs Fig 60 ein Universalgelenk darstellen soll, bleibt zu bezweifeln, da das eigentliche Zapfenkreuz, an welches die beiden Wellen je mit einer Gabel angreifen, fehlt. Willis gibt in der neuen Auflage seiner Princ. of. mechanism. übrigens den Nachweis, dafs Cardano nur anführt, er habe in dem Hause eines Freundes jene Vorrichtung gesehen, sowie dafs Vilars de Honecort, ein Architekt des XIII. Jahrhunderts, die Aufhängung einer Lampe oder eines Kohlenbeckens in den von uns sogenannten Cardanischen Ringen bereits kennt und zwar ausführlich beschreibt. Die Red.

und bewegt sich unter der Profilscheibe durch, indem sie gegenüber dieser ein festes eingesenktes Formlager mit Profilseite erhält. Die Profilscheibe ist schwer, prefst das Eisen mächtig an. Leonardo berechnet sowohl die Last, als auch die Kraft, welche nothwendig an der Mutter der Ziehscheibe thätig sein mufs, um das Eisen unter der Façonwalze durchzuziehen, und kommt zu genauen Resultaten. Er beschäftigt sich sodann mit andern Profilen und theilt mit, in wie vielen Operationen das Ausziehen derselben zu machen sei, und auf einer Reihe von Tafeln sehen wir ihn immer wieder mit der Lösung dieses Problems beschäftigt. Man achte aber darauf, dafs er uns auf der betreffenden Tafel nicht blos die Profilscheibe, nebst Auffindung der Kurve für deren Mantelfläche, sowie das unbewegliche Matrizengegenlager gibt, sondern er lehrt auch zugleich seinen Apparat kennen, mit welchem er das Werkzeug und die Matrize herstellt, nämlich eine Maschine mit konischer Smirgelwalze und mit Lager zur Aufnahme der Scheibe vielleicht (die durchgehende Welle nicht als Schraubenwelle bestimmt ausgelegt, obgleich bei der zahlreichen Anwendung, die Leonardo davon macht, dies fast gestattet sein dürfte), an einer Schraubenspindel bewegt und an der Smirgelwalze hingeführt.

Bei dieser Beschreibung führt Leonardo seine Elementi macchinali an und verweist bei Berechnung der Kraft eines Maschinentheils auf den zweiundzwanzigsten Fall derselben. Es läfst sich also wohl voraussetzen, dafs Leonardo, sowie für die Hydrostatik so auch für die Maschinenlehre Gesetze präzisirt und aufgestellt hatte. Er sagt: Le quali potenza sono vere come è provato nella 13a del ventiduesimo delli elementi macchinali d a m e c o m p o s t i. Er sagt bei der Erklärung der Radberechnung: „Wenn du nicht die Zahl (Zähnezahl) der Räder multipliziren willst, so multiplizire ihre Gröfse, das macht dasselbe.“ Ferner steht folgender Rathschlag für die Maschinenkonstruktion da: „Sei eingedenk, alle Glieder der Instrumente gleich oder gröfser (d. h. stärker) zu machen als die Kraft des Motors.“ Ferner: „Weil ohne Erfahrung eine richtige Kenntnifs der Kraft sich ergeben kann, mit welcher das auszuziehende Eisen seinem Trafilator widersteht, habe ich in dem fraglichen Theile vier Räder durch Schrauben ohne Ende gemacht, von denen Jedermann den Beweis hat durch Anzeichnung ihres Grades, welche Kraft diese Kombination hat.“ (Hier folgt obiger Hinweis 13. XXII.)

2. In Beckmann's Beiträgen zur Geschichte der Erfindungen und in Poppe's Geschichte der Technologie und an anderen Orten heifst es, dafs Bohrmühlen oder Mühlen zum Bohren hölzerner Röhren schon im 16. Jahrhundert bekannt waren, und zwar verweisen alle diese Schriftsteller auf Felix Fabri, Historia Suevorum. Derselbe erzählt von einer Bohrmühle in Ulm. Da Fabri schon 1502 starb, so existirte diese Bohrmühle also schon 1500. Kein bekanntes Werk der damaligen Zeit enthält eine Abbildung dieser Maschine (Fig. 61), erst spätere Werke bringen eine solche. Karmarsch berücksichtigt in seiner Geschichte der Technologie weder diese Fabri'sche Mittheilung noch aber spätere Konstruktionen und erwähnt nur, dafs man im vorigen Jahrhundert solchn Handbohrmaschinen gehabt habe. Es fällt dies etwas auf, da Karmarsch sonst

Poppe und Beckmann oft benutzt. Der erste bisher bekannte Schriftsteller, welcher Bohrmühlen abbildet und beschreibt, ist Georg Andreas Böckler. In seinem Theatrum machinarum novum von 1661 befindet sich eine solche in Kap. LXXXVI, in seinem Theatr. mach. novum von 1673 stellt er zwei Bohrmühlen dar. Leupold gibt später

Fig. 61.

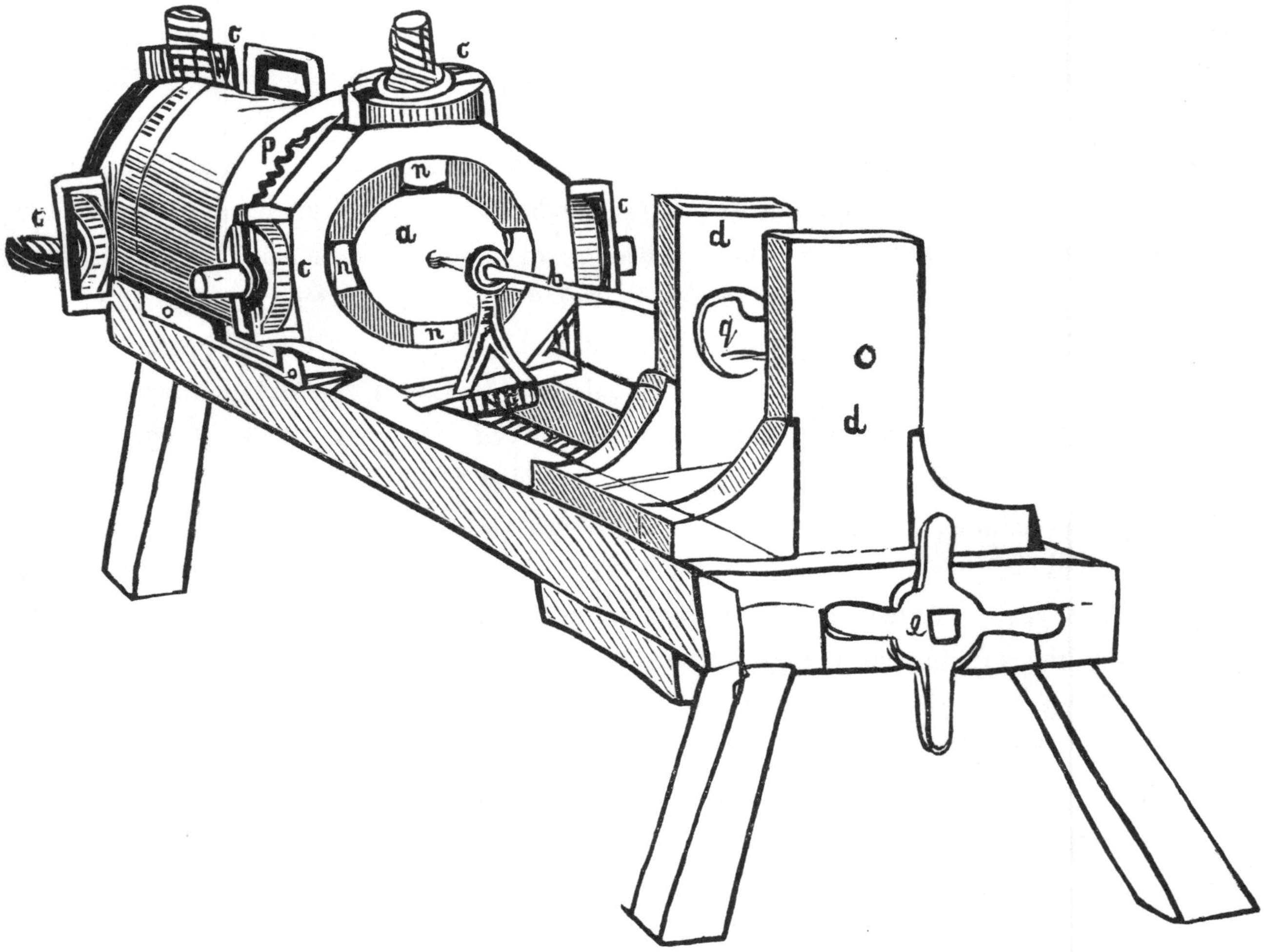

(1724) in seinem Theatrum Machinarum Hydrotechnicarum in Kap. 5, 6 und 12 Abhandlungen von Bohrern und Bohrstühlen. Metallbohrmaschinen waren 1720 in Gebrauch gekommen. Von einer Bohrmaschine, um Brunnenrohre zu bohren, finden wir aber eine Zeichnung von Leonardo's Hand aufbewahrt, — somit die älteste Zeichnung dieses Genres Maschinen. Wir geben dieselbe vorstehend in Abbildung. Leonardo starb 1510; seine technologischen Studien fallen hauptsächlich in die Jahre 1480 bis 1506. Nun liefse sich zweierlei aus Fabri's und Leonardo's Aufzeichnungen schliefsen: Erstens, dafs Leonardo diese Bohrmaschine selbst entworfen und ausgeführt habe, und dafs dieselbe von Norditalien nach Nürnberg, wie um jene Zeit so vieles, verpflanzt ward, oder zweitens, dafs die Bohrmaschine zu Leonardo's Zeit gar nichts Seltenes war, als man anzunehmen bisher geneigt war. Ueberhaupt ist die gewöhnliche Annahme, dafs vor Galilei's Zeit die Technik und die mechanischen Wissenschaften in einem Stadium der Stagnation sich

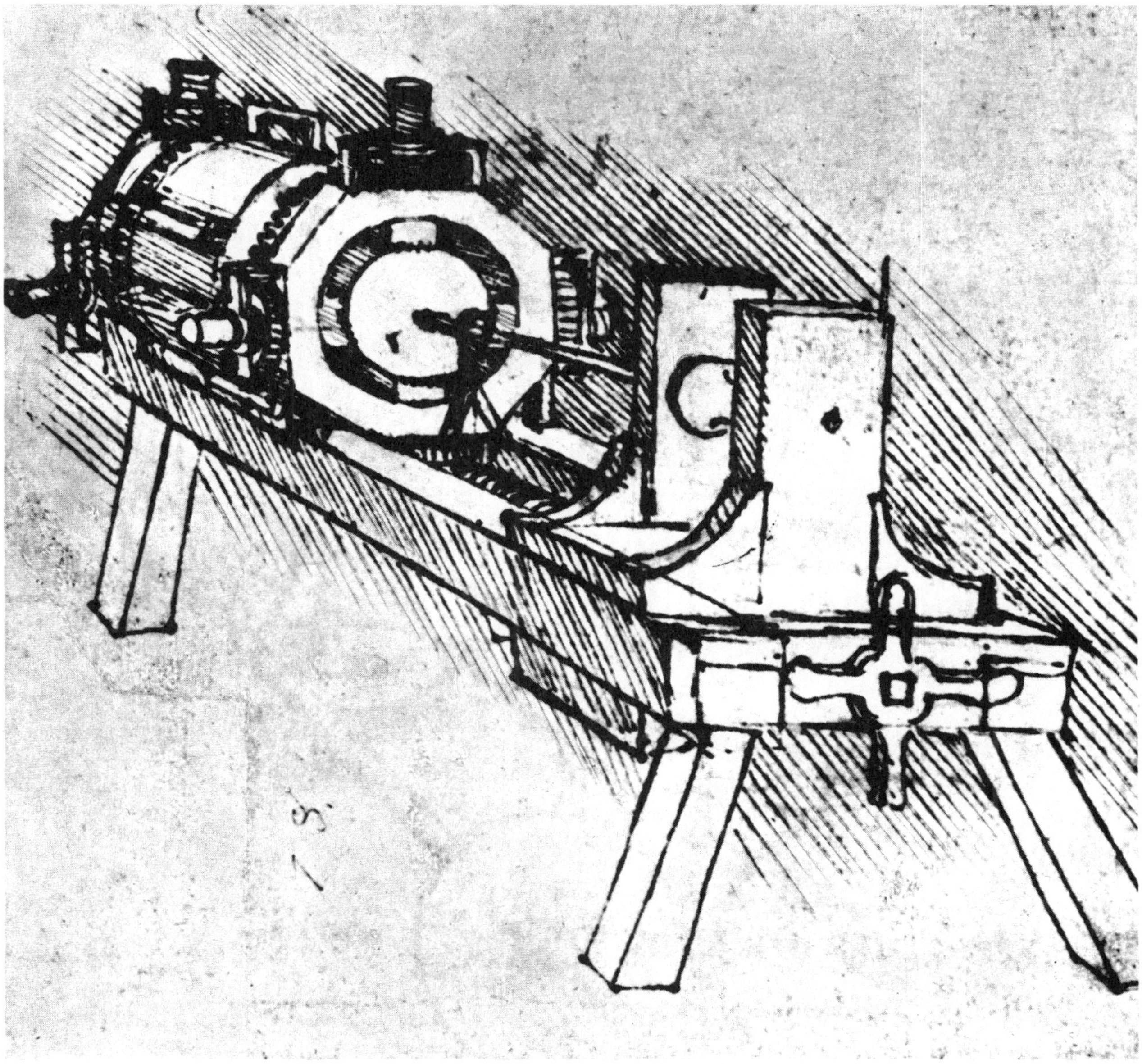

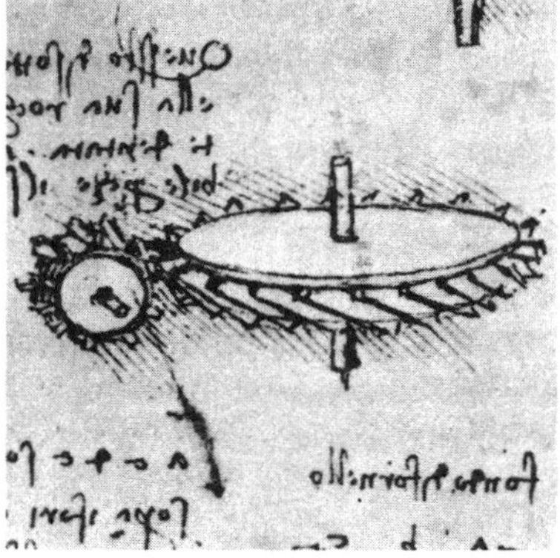

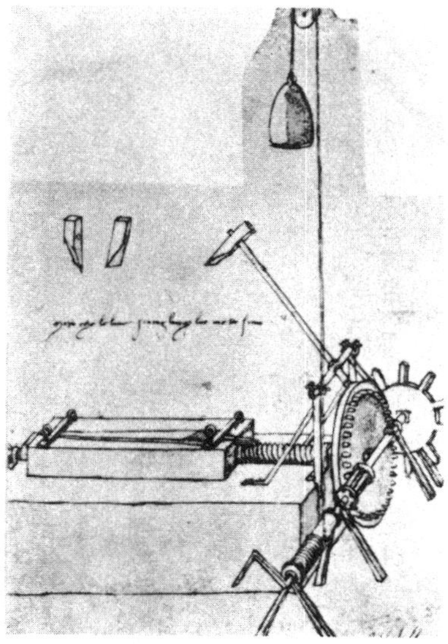

Oben: Bohrmaschine
Unten: Zahnrad und Pfeilenhaumaschine

befunden, das seit Jahrhunderten andauerte, nicht mehr haltbar, nachdem neuere Forschungen gezeigt haben, dafs jene Zeit nicht arm an Entwicklung und Fortschritt war.

Die Maschine zum Bohren, welche Leonardo auf fol. 78. uns darstellt, und die ich in Facsimileskizze wiedergebe (mit von mir eingeschriebenen Buchstaben), entspricht nicht nur Poppe's Beschreibung der früheren Bohrmühlen („Der Bohrer wird durch eine Welle in Umlauf gesetzt und der zu bohrende Baum rückt ihm auf einem sogenannten Wagen oder Schlitten immer mehr entgegen"), sondern die Details zeigen, dafs Leonardo's Maschine ziemlich vollkommen eingerichtet war. Auf einem kräftigen Gestell ist im Gerüst *d* die Bohrwelle *g* mit Bohrer *b* eingelegt, der am Ende durch einen Führer · unterstüzt geleitet wird. *a* ist der zu durchbohrende Baum, der in eine Art Klemmfutter genau eingespannt ist. Dasselbe besteht aus zwei Ringen *c*, durch welche 2 × 4 Schraubenbolzen hindurchgehen und mit ihren Enden *n* gegen *a* drücken. Diese Schraubenbolzen sind mit Muttern *c* versehen und durch Bügel festgestellt. Wie es scheint, sind die vier Schraubenmuttern, die am Mantel gezahnte Cylinder sind, mittelst des eingreifenden, an einer Kante verzahnten Ringes *p* zugleich zu drehen. Diese Einspannvorrichtung ist auf einen Schlitten *o o* gesetzt, der unterhalb durch eine Schraubenwelle *e* bewegt wird. — Diese von Leonardo vorgeführte Maschine sticht gegen Skizzen derjenigen Bohrvorrichtungen, die noch heute in kleinen Orten zum Brunnenrohrbohren Anwendung finden, sehr vortheilhaft ab. Die Einstellvorrichtung erweist sich in der That sinnreich und wohl durchdacht.

3. Hobelmaschine. Karmarsch setzt als die ersten Hobelmaschinen die Versuche des Focq 1770 und Crillon 1809, einen wirklichen Hobel durch einen Mechanismus in Bewegung zu setzen, hin, welche jedoch keinen Erfolg hatten. Die Figur zeigt es nun, dafs Leonardo eine Hobelmaschine nach ähnlichem Grundsatz zu konstruiren unternahm.

Fig. 62.

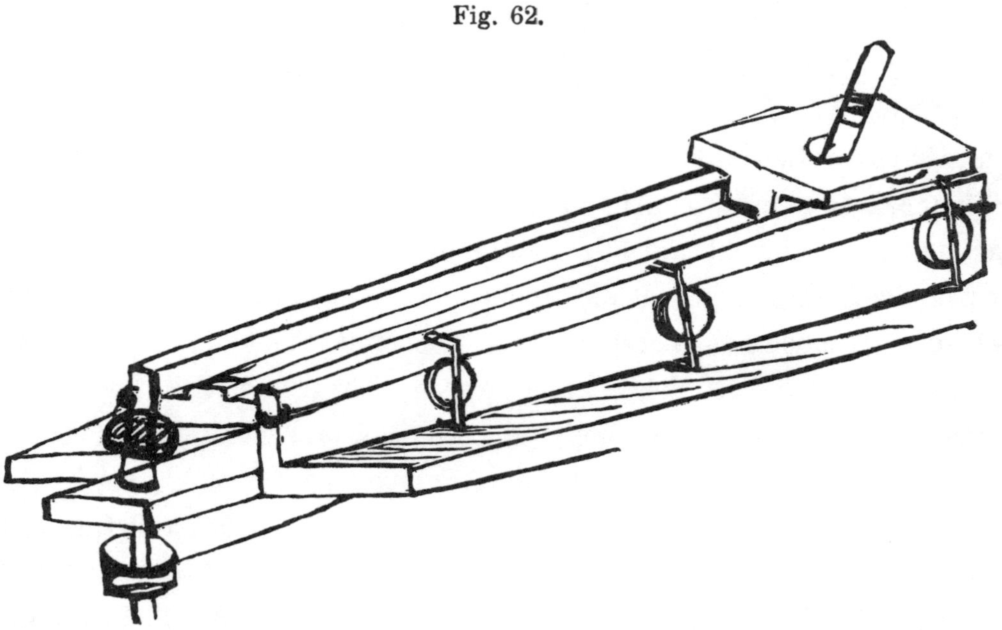

Wir wollen uns gern bescheiden, dafs diese Erfindung des Leonardo keinen Erfolg hatte, — aber konstatirt mufs werden, dafs er in der beigefügten Skizze den Versuch machte. (Fig. 62.)

4. Sägemaschine. Diese sowohl wie die Hobelmaschine gibt Leonardo von mancherlei Details begleitet. Dieses Gatter

gibt, trotz seiner Unvollkommenheit, doch ebenfalls Nachricht davon, dafs man die Bewegung der Sägen mechanisch schon damals versuchte. Wir können auch nicht umhin zu erwähnen, dafs wir in Lodi eine Säge fanden, welche seit langen Jahren an einem Kanal belegen ist, der Leonardo's geistreichen artesischen Quellenbrunnen seine Entstehung verdankt, und heute noch die Gestalt zeigt, welche uns Leonardo von einer Säge skizzirt. —

5. Steinsäge. Wir haben darüber bereits oben referirt und eine Abbildung der bezüglichen Tafel gegeben.

6. Feilenhaumaschine. Ursprünglich war die Feilenhauerei deutsche Kunst, und Nürnberg stand dafür im 15. Jahrhundert in Ansehen, seit 1618 begann England in Sheffield dieses Handwerk, und zwar mit so hohem Erfolg, dafs die englische Feilenfabrikation bis zum Anfang dieses Jahrhunderts dominirte. Karmarsch sagt, dafs seit mehr als einem Jahrhundert zahlreiche Versuche zur Konstruktion einer Feilenhaumaschine gemacht seien, und führt nach anderen Quellen an, dafs Duverger schon vor 1735 die erste Feilenhaumaschine entworfen habe. Diese Angabe ist insofern ungenau, als Duverger bereits 1699 diese Maschine entwarf und der Akademie präsentirte, und als die Beschreibung derselben bereits 1702 im Journal des savants zu finden ist. Allein, wie nun Leonardo da Vinci's Manuskripte lehren, so ist Duverger nicht der erste, sondern wir sehen, dafs Leonardo eine Feilenhaumaschine entworfen hat, und zwar vor 1505. Die Zeichnung (Fig. 63) ist in allen Theilen sorgsam, und alle Details sind vorhanden; in den verschiedenen Entwürfen von Hammerköpfen finden wir den grübelnden Techniker wieder. Leonardo beabsichtigte die Maschine von der Kurbel und Menschenkraft unabhängig zu machen. Es soll ein Gewicht mittelst Taues die Hauptwelle in Bewegung setzen, letzteres so lang, ersteres so hoch herabkommend, als im Verhältnifs zu der Länge der zu hauenden Feile nöthig.

Wenn bei irgend einer Maschine, so bewahrheitet sich bei dieser das Wort des Leibnitz, das wir oben anführten; in der That haben wir die Feilenhaumaschine noch nicht viel über den in Leonardo's Skizze sichtbaren Standpunkt hinausgebracht.

7. Spinnmaschine. Leonardo da Vinci hat sich mehrfach mit Entwurf und Konstruktion von Spinnapparaten befafst. Aus allen seinen Entwürfen und Bemerkungen geht hervor, dafs er das Hauptgewicht auf die Bewegungsverhältnisse der Spindel und Spule legte. Alle seine Zeichnungen geben die Spindel in horizontaler Anordnung und mit einem, genau wie unsere modernen Vorspinnflügel geformten Flügel fest verbunden. Ferner stellt er die Spule fest und läfst die Spindel seitlich sich verschieben. Leonardo sucht auch die Geschwindigkeiten zwischen Spule und Spindel in Einklang zu bringen und ordnet daher für jede einzelne eine Bewegungsübertragung an. Seine klarste Zeichnung haben wir hier im Durchschnitt wiedergegeben und möglichst an das Original anschliefsend (das wir leider nicht durchzeichnen durften).

In der Zeichnung (Fig. 64) ist *a a* der Flügel, *b* die Spindel, *c* die Spule, *d* die

Fig. 63.

Fig. 64.

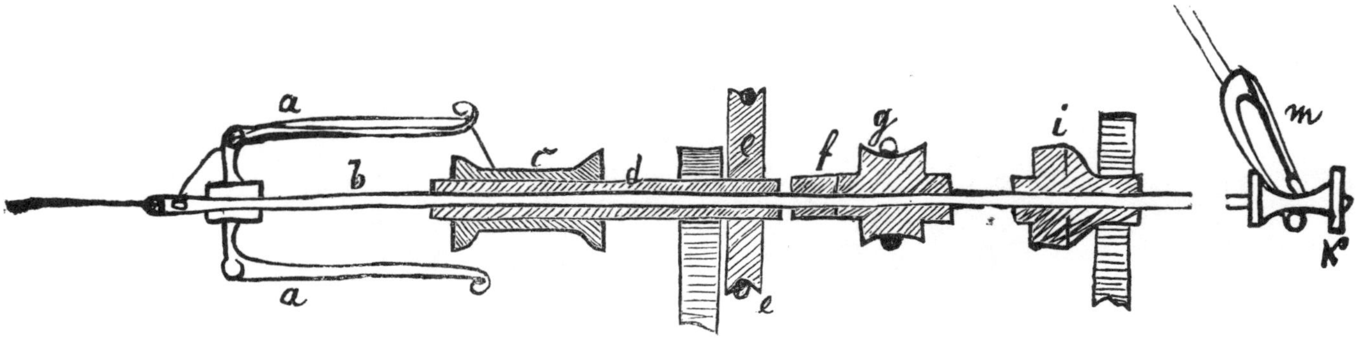

Spulenwelle, *e* der Spulenwellenwirtel, *g* der Spindelwirtel, *i* Spindellager, *k* Wirtel auf der Spindel für die Gabel *m*, welche von einer oszillirenden Welle her den Spindelwirtel *k* umfafst und die Spindel in eine hin- und hergehende Bewegung versetzt, die für Vertheilung des Fadens auf die Spule nöthig ist. Wie trefflich diese Anordnung gegenüber den ersten Spindelanordnungen des 18. Jahrhunderts ist, wird jeder Kenner sofort sehen Aber die Originalität dieser Konstruktion von etwa 1490 tritt noch mehr an das Licht, wenn wir bedenken, dafs 1530 erst das Spinnrad von Jürgens auftauchte, welches in unendlich viel unvollkommenerer Gestalt mehrere Jahrhunderte hindurch der vollkommenste Apparat zum Spinnen blieb, dafs ferner zuerst 1792 und 1795 der Engländer Antis eine Vorrichtuug angab, um ein gleichmäfsiges Hin- und Herschieben der Garnspule zu bewirken.

Leonardo hat seine Spinnmaschine mit zwei Spindeln gedacht, die horizontal in einem Gestell so angebracht sind, dafs die Spule an der Aufsenwand hervorragt, ebenso Flügel und Spindel, so weit nöthig. In der sauber ausgeführten perspektivischen Skizze hat Leonardo dem Triebrad für die Spindel doppelte Gröfse gegeben, als dem Triebrad für den Spulenwirtel. Die Wirtel für Spule und Spindel sind mit Diametern wie $1 : \frac{1}{2}$ gewählt. Es hat somit die Spindel, die sich in der Spulenrolle als Hülse dreht, eine dreimal so grofse Geschwindigkeit wie die Spule. Die Scheibe für Bewegung des Spindelwirtels ist etwa sechs mal so grofs als der Spindelwirtel; der Durchmesser der Scheibe zur Bewegung der Spule aber nur doppelt so grofs als der Spulenwirtel; es ergibt sich daher für die Spindel (bei Annahme von 50 Umdrehungen der Hauptwelle) eine Umdrehungszahl gleich 300 und für die Spule 100. Es kommen somit, da sich beide, Spindel und Spule, in gleicher Richtung drehen, und die Spulenhülse also nur $\frac{1}{3}$ Umdrehung macht während einer Umdrehung der Spindel, 900 Spindelumgänge auf eine Aufwicklung des Fadens. — Es ist gewifs bemerkenswerth, dafs Leonardo da Vinci von der differirenden Spindel- und Spulenbewegung Gebrauch machte, wie sie heute bei den Kontinuemaschinen gebraucht wird, und dafs er die Rotationsbewegung der Spindel mit der alternirenden zu kombiniren verstand.

8) Seilspinnmaschinen. Es scheint, dafs Leonardo für die Konstruktion von Seilerrädern sehr vielfach beansprucht wurde. Wer die mannichfaltigen Gerüstkonstruktionen des Leonardo durchgesehen hat, wird wissen, dafs die Verbindung der

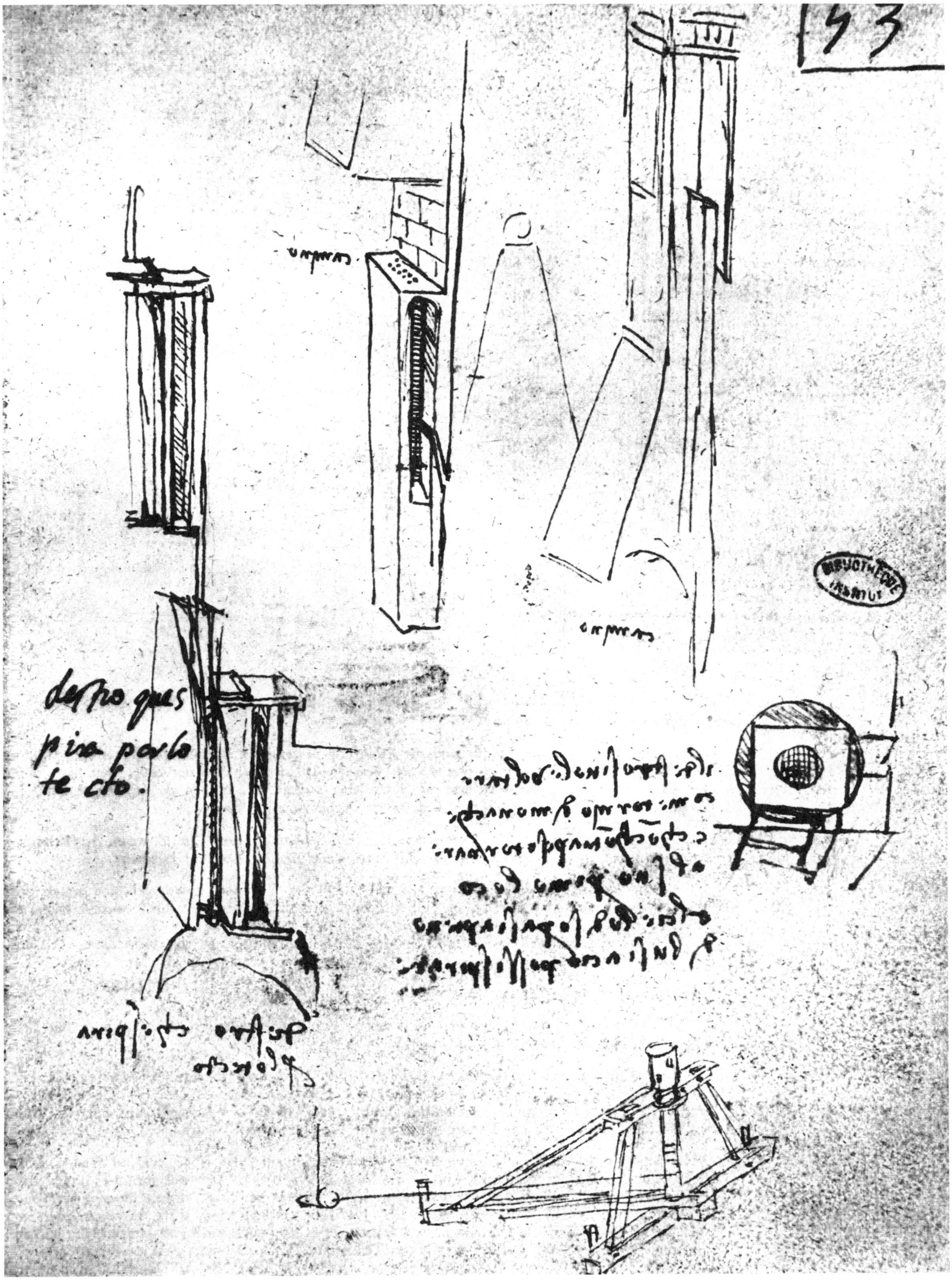

Studie über den indirekten Kaminabzug

Balken und Bäume durchweg mittelst Seilen geschah, zumal bei den Wasserbauten. Ferner waren alle seine Handwerkzeuge mit Seilen ausgestattet. Dadurch hat er sicherlich den Anlafs gehabt, auf eine gute Herstellung der Stricke und Taue zu achten. Seine Seilräder unterscheiden sich nun wesentlich durch gute Anordnung von den bei uns heute gebräuchlichen Seilerrädern, so dafs wir sagen müssen, dafs diese Apparate in unserer Zeit Rückschritte gemacht haben. Eine seiner Abbildungen zeigt 14 Spindelhaken im Halbkreis aufgestellt, jeder mit einem Wirtel versehen, der von einer gemeinschaftlichen Trommel her durch Schnur bewegt wird. Eine zweite Zeichnung gibt 3 Spindeln an. Am Ende der Spinnbahn ist eine mit Gewicht und Tau versehene Trommel aufgestellt, um welche Stricke mit Haken genommen werden. Die Enden der Stricke werden an den Haken befestigt, und nach Beendigung der Dreherei werden die gefertigten Längen auf die Trommel aufgewickelt.

9) Weberei. Leonardo gibt mehrere Skizzen von Webestühlen. Leider sind dieselben sehr undeutlich gehalten, so dafs man dieselben nicht sicher beurtheilen kann. Wir wollen uns nicht so weit versteigen, aus einem skizzirten Webeapparate, trotz einiger ähnlicher Momente, einen Vorläufer der Jacquardmaschine herauszulesen.

10) Tuchscheermaschine. Leonardo gibt zahlreiche Skizzen von Tuchscheermaschinen, und uns ist es kein Zweifel in Anbetracht der Entwickelung und des weltanerkannten Uebergewichts der italienischen Appretur, dafs solche Scheermaschinen wirklich ausgeführt worden sind. Leonardo konstruirt sie in vielfacher Weise. Die gröfste Anordnung zeigt vier Scheertische neben einander nebst vier Scheeren. Diese Scheeren haben die Gestalt der alten Tuchscheeren. Leonardo bemüht sich, das eine oder beide der Blätter der Scheeren zu bewegen, und wendet abwechselnd Kurbeln, Doppelkurbeln, Daumenräder, Federn u. s. w. an. Eine kleinere Figur, bei welcher der Mechanismus in einem Kasten verschlossen ist und nur die Scheere auf dem Scheertisch freiliegt, ist unterschrieben mit: Modo di occultare il secreto del primo motu, als ob Leonardo Nachahmungen befürchtet habe! — Den mechanisch am weitesten gehenden Entwurf zeigt Fig. 65. — Bei demselben ist der Scheertisch in einen rotirenden Zylinder verwandelt, während die Scheere festliegt, — eine andere Lösung der kontinuirlichen Scheermaschine, als wir sie jetzt besitzen. —

Fig. 65.

Bekanntlich wollte Alcan nachweisen, dafs Leonardo eine Longitudinalscheermaschine erfunden habe, aber Mr. Alcan hat sich arg getäuscht und eine Federziehmaschine für eine Tuchscheere genommen. — Unberechtigt ist aber Karmarsch's Urtheil*) über die Skizze der Leonardo'schen Scheermaschine, „die er eine oberflächliche und naive Skizze nennt, dafs man eine danach gemachte Ausführung nicht wahrscheinlich finden könne" — ungefähr das Gegentheil mufs derjenige annehmen, welcher sich mit Leonardo's Arbeiten und der Geschichte der Gewerbe in seiner Zeit beschäftigt hat. Die späteren ersten Scheermaschinen von Everett 1758 und 1759 sind unseres Erachtens viel unvollkommener als die des Leonardo. Von den Scheeren des Harmar (1794) und des Douglas (1802) gibt Karmarsch selbst zu, dafs sie dem Wesen nach dieselben Konstruktionen wie die von Leonardo da Vinci seien.

11) Waschmaschine. Auf demselben Blatt, wo die gröfste Scheermaschine steht, ist auch eine Waschmaschine mit 2 Walzen zugefügt. Leonardo schreibt selbst daneben „Bono". Sie hat ihm also selbst gefallen. Leider ist diese Zeichnung unklar und flüchtiger als andere.

12) Kalander. Im Codex Atlanticus ist eine Figur enthalten, welche in kräftigem Gestell zwei Walzen von grofsem Durchmesser enthält, auf deren oberste ein herabzulassender, schwerer Halbkreis herabgesenkt wird, der verschiedene Rollen auf den oberen Cylinder drückt. Leider fehlt der Text hierzu, durch den es nur möglich sein würde, die Bestimmung dieser Maschine genauer einzusehen.

13) Töpferscheibe mit von oben einzusetzendem Formmodel für verschiedene Profile.

Fig. 66.

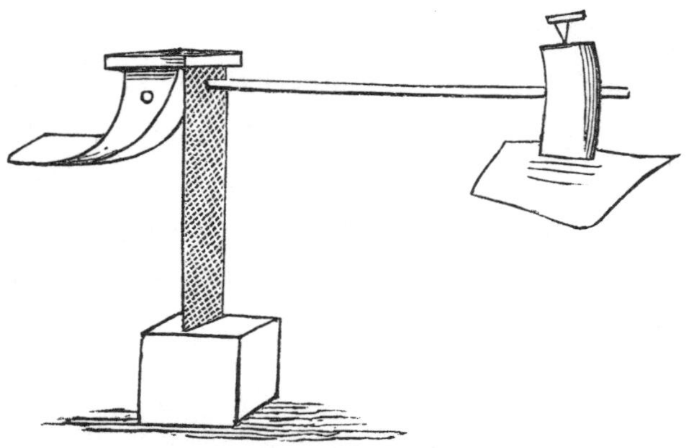

14) Federhammer. Die Zeichnung dieses Instrumentes würde unserer Zeit Ehre machen. Sie läuft dem Leonardo da Vinci so mit unter bei Gelegenheit der Konstruktion eines Getriebes für einen allhammer. Fig. 66. — Die Feder scheint hierbei von besonderer Konstruktion. — Hierbei wollen wir gleich anführen, dafs Leonardo sich bemühte, die Schmiedehämmer selbstthätig herzurichten.

16) Maschine zum Ziehen der Metallfedern. Leonardo hat hierfür eine Reihe Entwürfe, 9 gröfsere Figuren entworfen, von denen wir in Fig. 67 die beste und deutlichere beibringen. Die Idee ist die, mittelst Tau und Zange *f*, *g*, *h* die Feder *e* durch die Presse *c*, *d* zu ziehen. Es geschieht das mit Hülfe der Kurbel *b* und des Zahnrades *a*, auf dessen Achse auch die Zugscheibe des Seiles sitzt. *i* ist die Stellschraube für die Presse. Die übrigen Figuren zeigen noch weitere Betrachtungen, die

*) Karmarsch, Geschichte der Technologie. Pag. 727.

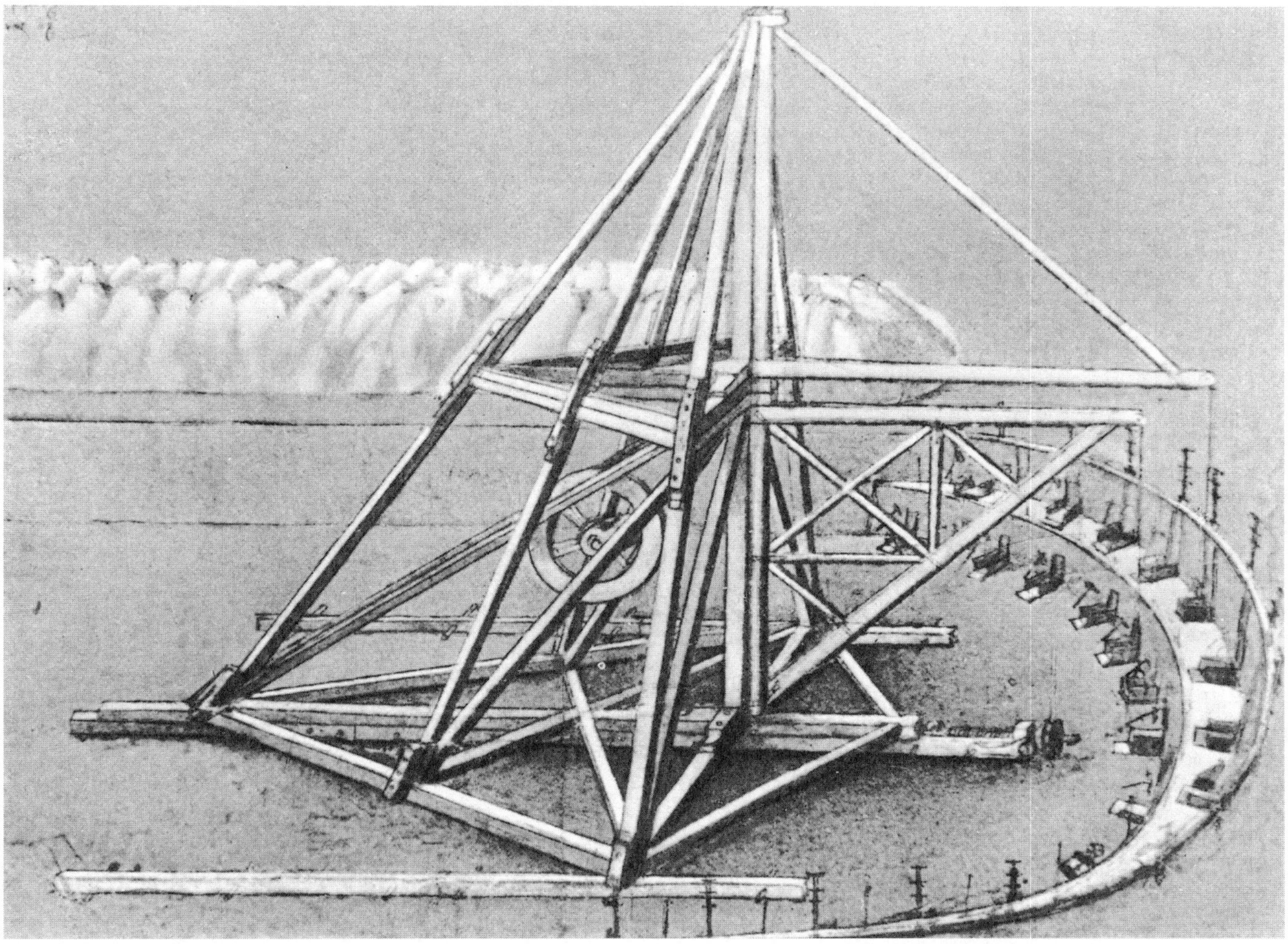

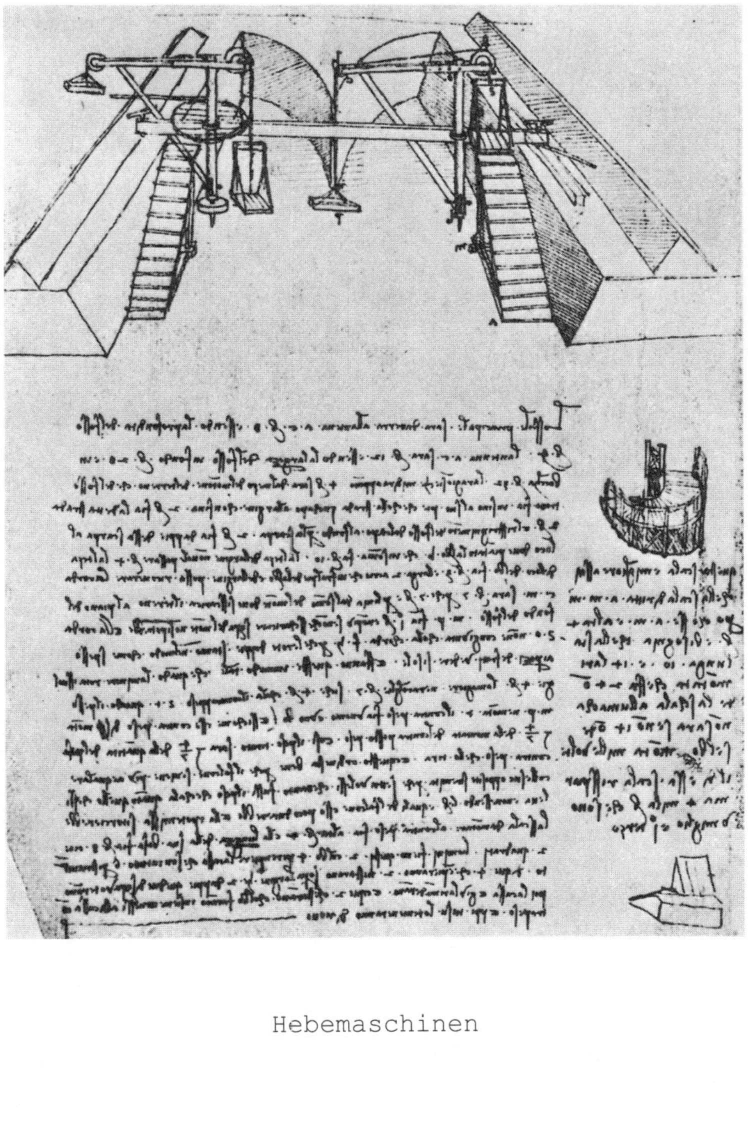

Hebemaschinen

Fig. 67.

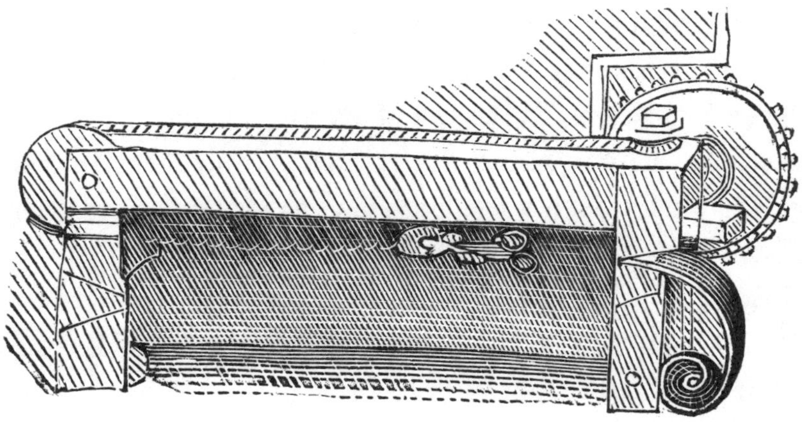

nicht ganz klar werden. — Aus der angegebenen Figur aber wird man die Idee unserer Ziehbänke für Draht sehr genau wiederfinden, die aus dem 14. Jahrhundert nachweislich stammt, — ein Beispiel von dem Alter gebrauchter maschineller Vorrichtungen.

17) Hebezeuge. Leonardo machte nicht nur den ausgedehntesten Gebrauch von Flaschenzügen, Rollenkombination, Schraubenhebel u. s. w., sondern er konstruirte Hebevorrichtungen, welche den Namen „Maschinen“ vollständig verdienen. Im Codex Atlanticus finden wir unter anderem eine Winde mit Zahnstange. Die Zahnstange wird durch zweiseitig angebrachte Getriebe auf und ab bewegt, während sie unten die Last trägt. Sehr ausgebildet sind seine Krane. Ein solcher (auf fol. 48 C. A.) ist sowohl fahrbar auf einen kleinen, schweren Rollwagen gestellt, als auch um seine Vertikalachse vollkommen drehbar. Der Aufzug wird durch ein Tau bewirkt, welches auf eine Welle sich aufwindet, die durch ein kleines Getriebe und grofses Stirnrad umgedreht wird. Das kleine Getriebe erhält seine Bewegung durch Kurbel. Eine Stufenreihe am Säulenbaum ermöglicht ein Besteigen des Krans, der mittelst starker Seile festgestellt wird. Eine andere Hebevorrichtung ist so konstruirt, dafs auf einem Dreibaumgestell von angemessener Höhe eine Platte aufgebracht ist, durch welche der Bolzen einer starken Schraube hindurchgeht, gehalten von der oberhalb bleibenden Scheibe und Mutter. Dieser Bolzen ist unten mit Armen und Klammern versehen, in welche der zu hebende Gegenstand eingehängt wird. Solche Klammern und Angriffvorrichtungen sind von Leonardo sehr variirt; wir geben hier einige solche in bildlicher Vorführung. Fig. 68 und 69. Bei allen diesen Apparaten ist eine hebende Bewegung durch Schrauben nach dem Greifen vorgesehen. Von den Winden brachten wir bereits oben einige Details. Auch diese Hebewerkzeuge sind vorzüglich durchdacht und dürften in unserer Zeit keineswegs übertroffen dastehen. Seine mechanische Betrachtung auf fol. 52 C. A. über die Konstruktion ist umgehend durchgeführt auf Abwägung der Vertheilung der Last und Kraft auf Wellen und Stellräder. Er stellt eine Konstruktion mit der Ueberschrift „falso“ einer andern gegenüber, mit der Ueberschrift „giusto“ und gibt Bemerkungen zur Begründung dazu.

Fig. 68 u. 69.

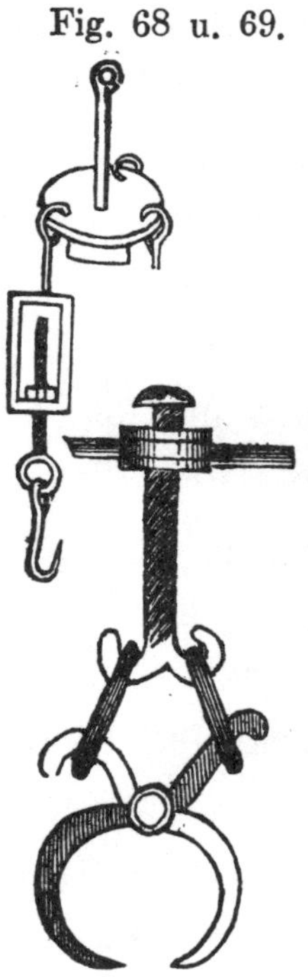

18) Im Anschlufs an die Betrachtung unter 17) wollen wir hier

kurz bemerken, dafs Leonardo's Baukonstruktionen, von denen Details überreich in den Manuskripten zu finden sind, sehr gründlich sind. Er verbreitet sich über die Verbindung der Balken und Langhölzer, er bestimmt die Verbindung der Holztheile mit dem Mauerwerk, er lehrt Gerüste schlagen, Brücken, Uferschaalung und Schleusen bauen, Kriegsvorrichtungen errichten u. s. w. In diesem Theile seiner Manuskripte liegt so viel Material verschlossen, dafs es gewifs der Mühe werth wäre, dieselben ausgiebig zu studiren, um Leonardo als Baumeister darzustellen.

19. Leonardo hatte ein eigenes Werk geschrieben über Mühlwerke, wie Lommazzo (Trattato della pittura) berichtet, das leider verzettelt worden ist. Es war kolorirt, und nur wenige Blätter sind erhalten. Einige Skizzen von Presswerken und Mahlgängen sind in seinen Manuskripten zerstreut zu finden, so ein Mahlgang mit zwei horizontalen Steinen und eine Olivenpresse, von der Leonardo selbst sagt, dafs sie die Oliven trocken presse.

20. Mefsinstrumente umfassen bei Leonardo Skizzen von Dezimalwaagen und andere Waagen, — zu einem Dynamometer (Trattato della pittura 148), — zu einem Instrument, um die Geschwindigkeit des Wassers zu messen, — zu einem Modell, um jede Sache zu messen; — seine Zirkel, sein Ovalwerk sind bekannt und anerkannt worden; seinen Hygrometer beschrieben wir bereits; seinen Wegmesser lobt er selbst.

Fig. 70.

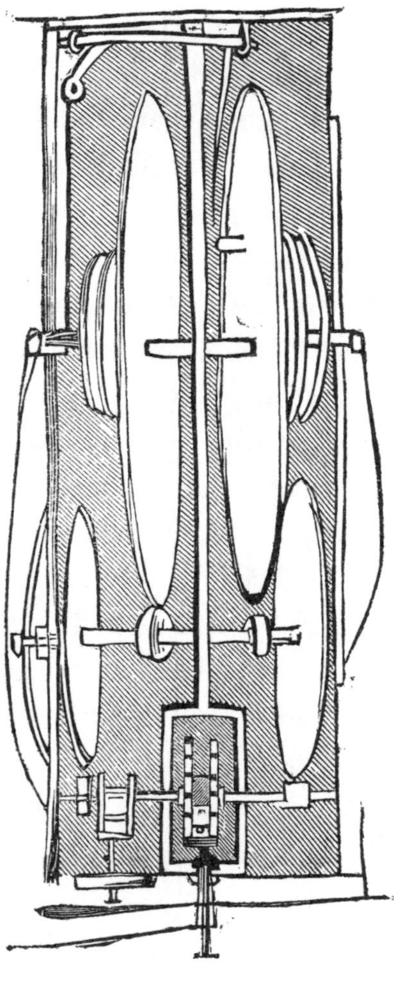

Fig. 71.

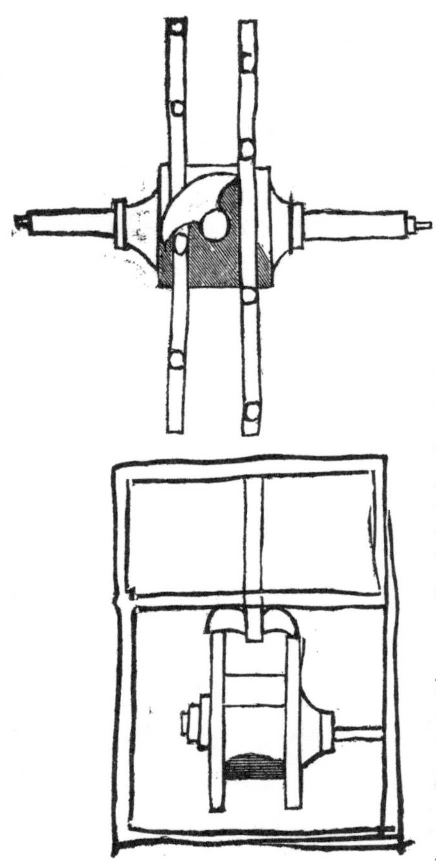

Hierher gehören auch seine Uhrwerke. Ein solches stellt die folgende Fig. 70 u. 71 dar. In der Figur deutet oben an der Achse der „Palmola" der nach rechts hinübergehende Faden einen Motor der Uhr an. Leonardo gibt uns im Cod. N. einen Apparat an, der Uhren bewegt. Es ist das ein Stab mit Zähnen, die in Zähne eines Rades eingreifen, und Leonardo sagt davon: „Derselbe Stab wirkt wie ein Balancier in den Uhren, d. h. er wirkt alternativ, bald an der einen, bald an der

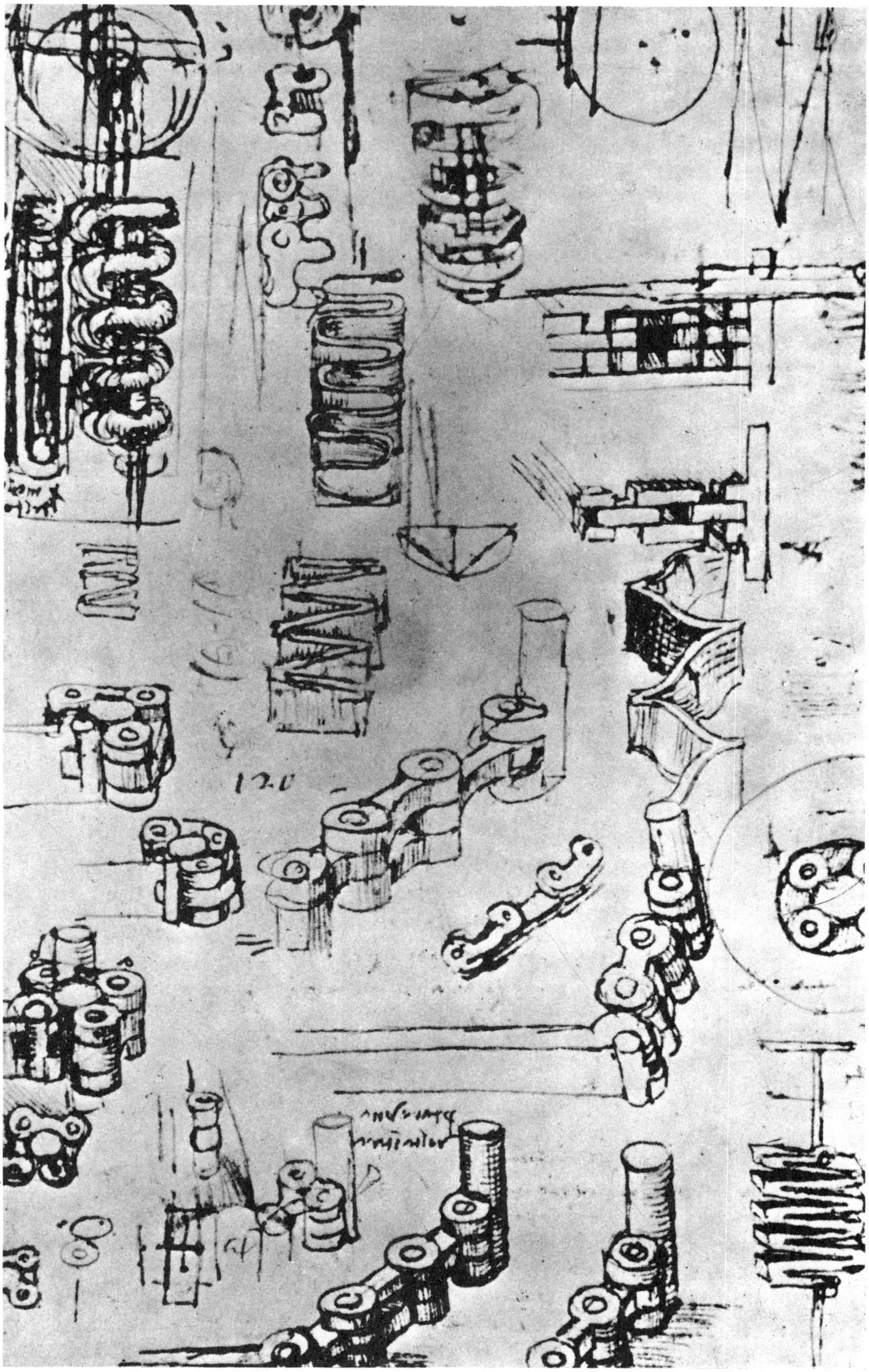

Teile von Gliederketten und zylindrischen Federn

andern Seite des Rades ohne Unterbrechung.“ Venturi sagt zu der letzten Stelle, daſs also Atwood, den man den Erfinder des Balanciers für Uhren nennt, im 16. Jahrhundert schon in Leonardo einen Vorgänger gehabt, ja daſs Arnault bereits vor 1465 einen Balancier beschrieb, und Vinci redet davon allerdings als von etwas Bekanntem. —

Im Uebrigen bewegte Leonardo seine Uhren theils durch Wasser oder Luft, theils durch besondere Einrichtungen. Bei einem der interessantesten Entwürfe hat Leonardo zwei Blasebälge angewendet, deren abwechselndes Ausdehnen eine bewegliche Zahnstange in die Zähne der Uhrrädchen eingreifen läſst, beim Rückgehen aber die Zahnstange aushebt. Der Mechanismus ist sehr sorgfältig gezeichnet. —

Was Govi richtig auseinandersetzt bei Aufzählung der „Inventioni“ des Leonardo ist das, daſs er behauptet, daſs Leonardo das Pendel kannte. Wir haben bereits Gelegenheit gehabt, mehrmals auf diese Thatsache aufmerksam zu machen bei der Wellenbewegung, bei der Darstellung der astronomischen Kenntnisse des Leonardo u. a. a. O. Nun finden wir aber bei einer Figur, die ein Perpetuum mobile darstellen soll, folgende Bemerkung zu einem pendelartig schwingenden Körper, der seine Bewegung dem Mechanismus mittheilen soll: „Questo contrappeso lavora di sopra colla sua asta nella intaccata rota, a similitudine dell' asta del tempo degli orologi, cioè or da capo or da piè, e non perde mai tempo.“ Sollte bei solchem Vergleich angenommen werden können, daſs das Pendel in der Bewegung der Uhren zu Leonardo's Zeit unbekannt war? Wir glauben diese Frage mit „Nein“ beantworten zu müssen.

Fig. 72.

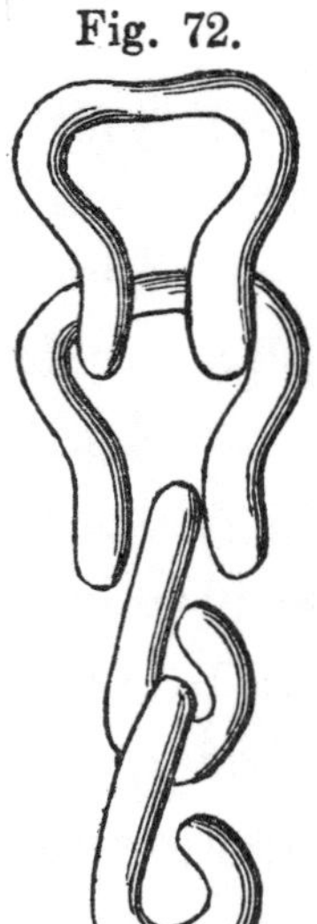

Fig. 73.

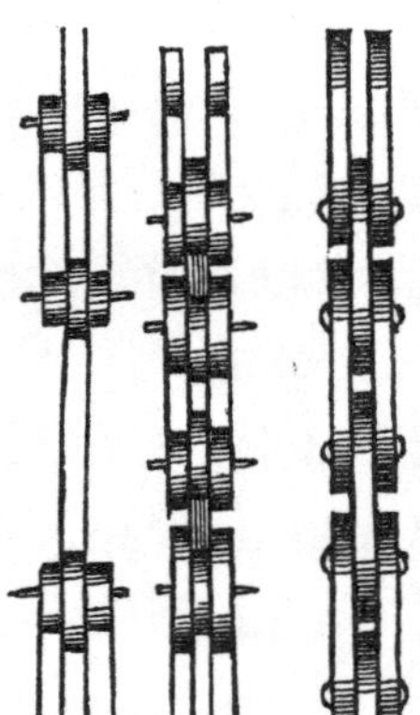

21. Konstruktion der Ketten; Leitern, Strickleitern. Auch diese Mittel für mechanische Leistungen haben den Leonardo sehr interessirt. Neben den gewöhnlichen Gliederketten finden wir bei Leonardo die beiden Kettenformen, in Fig. 72 u. 73 dargestellt, welche man für gewöhnlich dem Vaucanson und dem Galle zuschreibt und sie auch so Vaucanson'sche und Galle'sche Kette nennt. Letztere Spezies findet bei Leonardo besondere Beobachtung und sorgsame bildliche Darstellung.

23. Drollig ist Leonardo's dreibeiniges Malerstühlchen zum Zusammenlegen für Studien im Freien. Interessant sind seine Musikinstrumente. Pauken bewegte er mechanisch.

24. Auſser dem oben bereits angeführten Bratspieſsmechanismus, von dem er sagt, „daſs er um so schneller gehe, je heiſser die Luft werde, die vom Feuer aufsteigt,“, erfand Leonardo geeignete Vorrichtungen zum Schlieſsen der Kamine und Schornsteine und zur Regelung des Zuges.

Es sei noch der einrädrige Bergmannskarren hier vorgeführt, dessen Konstruktion

Fig. 74.

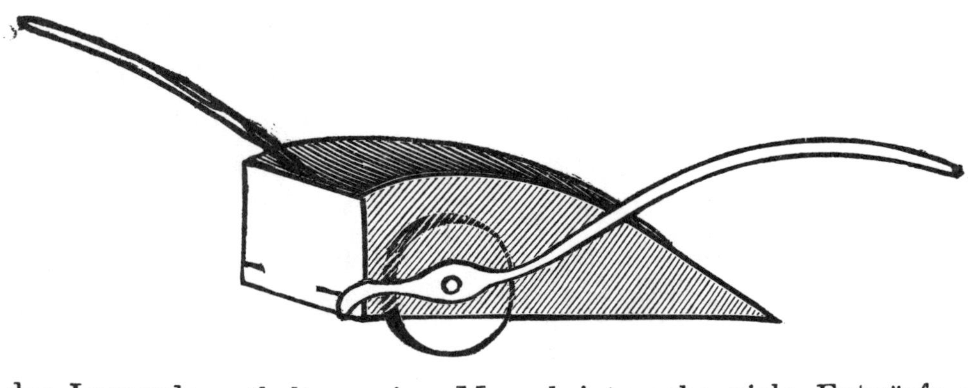

für gewöhnlich einer späteren Zeit zugetheilt wird. (Fig. 74.)

26. Hydraulische Maschinen und Apparate. Aufser den oben bereits betrachteten hydraulischen Motoren des Leonardo enthalten seine Manuskripte sehr viele Entwürfe von Saug- und Druckpumpen und dergleichen Apparaten, worunter natürlich die im Mittelalter viel gebrauchten Wasserschnecken und Wasserschrauben, so wie Schöpfräder nicht fehlen.

Fig. 75.

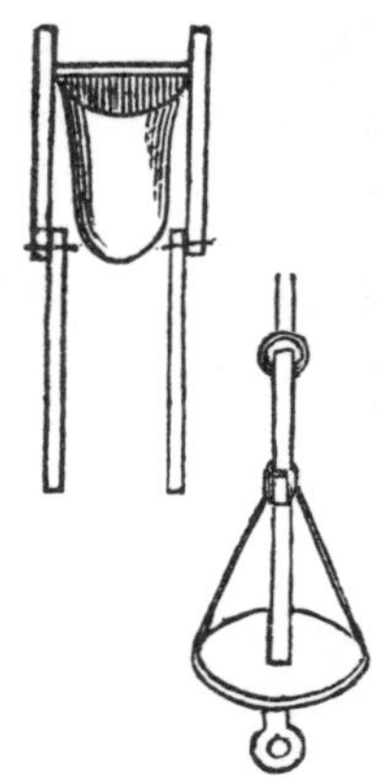

Unter den Pumpwerken nennen wir zunächst die Kettenpumpe, die bei Leonardo eine ausgebildete Gestalt hat, wie Fig. 75 zeigt. Bekanntlich war diese Ketten — oder Gefäfspumpe seit dem Alterthum bekannt, allein eine so vollkommene Gestalt der Scheibe rührt doch (wie auch Ewbank Descript. and Histor. etc. p. 156 lehrt) erst aus späterem Zeitalter her. — Leonardo's Bestreben ging augenscheinlich und ausgesprochenermafsen darauf aus, „einen kontinuirlichen Wasserstrahl zu erzeugen zu Fontainen, Spritzen u. s. w." Er konstruirte daher vorherrschend zweicylindrige Pumpwerke, die das Wasser in geschlossene Gefäfse einpumpten, wo dann die Luftkompression das ihrige that. Die Pumpwerke sind theils Kolbenpumpen, theils blasebalgartige Schläuche, theils Cylinder, die sich ineinander verschieben und mit ihren Böden wie Kolben wirken und bei denen der Herabgang durch Bleigewichte unterstützt ist. Eine dieser Pumpen aber mufs unsere Aufmerksamkeit im höchsten Grade erregen. Sie trägt die Inschrift: „Acqua alzata per forza di vento." Wie die Zeichnung 76 darthut, enthält diese Maschine einen runden horizontalen Cylinder, der sich offenbar nicht dreht, denn er ist durch Bänder am Gestell festgehalten, die über eine geriefte Fläche gelegt sind. Von diesem Cylinder geht ein Rohr in den Brunnen hinab. Dasselbe enthält nach Leonardo's Angaben ein Ventil. Aus dem Cylinder geht seitlich ein Ausgufsrohr ab. Dasselbe enthält auch ein Ventil (animelli). Ein zweites projektirtes Rohr (wenn das erste fortfällt) ist gerade senkrecht in die Luft [geführt. Wir sehen andererseits eine Welle aus diesem Cylinder herausragen, welche mit einem Stift versehen ist, der in einer Nuthenscheibe (vom Getriebe her bewegt) geführt, der Welle eine alternirende Bewegung ertheilt. Das Spiel der Pumpe ist offenbar so. [Die Welle trägt im Innern einen dichtschliefsenden Kolben, geht derselbe nach links, so schliefst sich das Ventil im Speirohr, und das Ventil im Saugrohr öffnet sich. Bei Rückgang des Kolbens schliefst sich das Saugventil und öffnet sich das Ventil nach aufsen, so dafs der Kolben das Wasser herausdrückt.

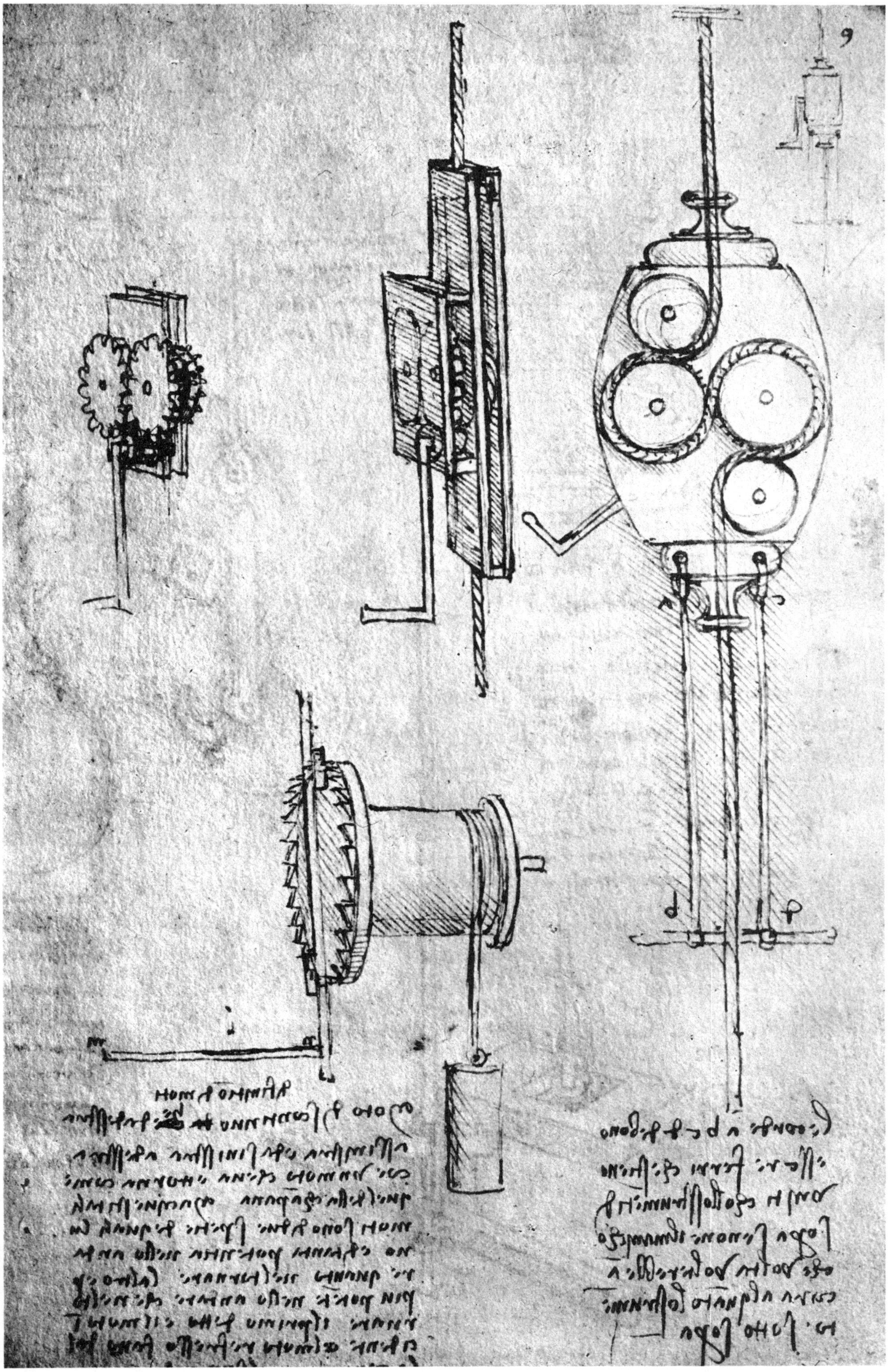

Aufzeichnungen zu Hebezeugen

Wir haben es also mit einer kompletten, einfach konstruirten Saug-Druckpumpe zu thun (Fig. 76).

Fig. 76

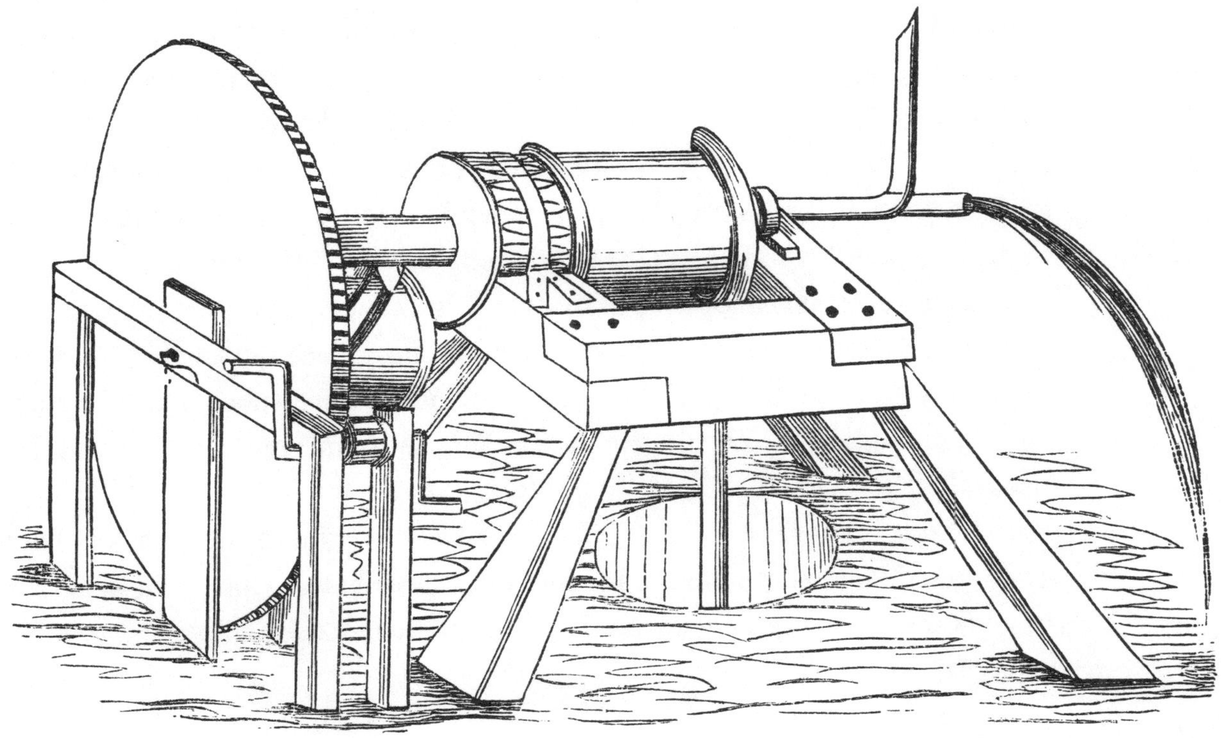

Karmarsch hat die Geschichte der Pumpen in seinem Werke „Geschichte der Technologie“ fehlen lassen. Ewbank gibt eine einigermafsen ähnlich vollkommene Druckpumpe erst aus dem 16. Jahrhundert an.

Sodann haben wir noch zu erwähnen, dafs Leonardo eine Zeichnung gibt mit der Inschrift: „Per questa via si farà salire l'acqua per tutta la casa per condotti.“ Ihm schwebte also eine Wasserleitung durch das Haus vor. —

Endlich geben wir noch folgende Zeichnung, welche auf dem bereits mehrfach benannten Blatt 283 des Codex Atlanticus steht. Dieselbe dürfte kaum anders zu erklären sein, als dafs man sie als hydraulische Presse betrachtet. Auch hier fehlen Bemerkungen des Leonardo, welche das Dunkel aufklären könnten; aber die auf jenem Blatt enthaltenen vielen Skizzen für die Verwendung und die Eigenschaften des Wassers lassen leicht unsere Auffassung als richtig erscheinen. Fig. 77.

Fig. 77.

Schliefslich erwähnen wir das Fol. 45 des Codex Atlanticus, welches sich mit einer Betrachtung der Wasserleitung über Berge beschäftigt, bei welcher Leonardo Gebrauch macht von dem Gesetz der schiefen Ebene und mechanischen Mitteln zur Hebung.

Die Wasserwerke des Leonardo umfassen

1. Kanal von Florenz nach Pisa, — von Leonardo da Vinci projektirt am Arno entlang, durch die Felder von Prato, Pistoja, Serravalle und durch den See von Sesto. Viviani hat später unter Benutzung des Vinci'schen Projektes die Verbindung zwischen Pisa und Florenz hergestellt, theilweise durch Verbreiterung und Vertiefung des Arno — und zwar nicht glücklich. Leonardo's Projekt ist erhalten in den Pariser Codices.
2. Kanal von Martesana und Tessin. Der Kanal von Martesana war bereits 1460 begonnen. Leonardo da Vinci vollendete ihn durch das Stück Trezzo-Brivio, welches vorzügliche Schwierigkeiten bot. Er konstruirte grofse Schleusenwerke mit doppelten Pforten. Die Anlage derselben hat Leonardo jedoch nicht erfunden, wie einige seiner Verehrer behauptet haben, sondern dieselbe rührte bereits von 1441 oder vielleicht einer noch weiter zurückliegenden Zeit her. Die Zeichnungen für diese Anlagen im Codex Atlanticus sind vorzüglich.
3. Kanal von Romorentin, für Franz I. entworfen und später nach seinem Tode von Meda ausgeführt. In diesem Projekt hatte Vinci Schleusenthore besonderer Art vorgesehen, die jedoch von Meda falsch aufgefafst wurden.

Schlufs.

Nachdem wir im Obigem versucht haben, die Kenntnisse und Anschauungen und Leistungen des Leonardo näher darzuthun, nachdem wir sie mit dem geistigen Standpunkte seiner Zeit verglichen, als auch auf den der nachfolgenden Periode hinwiesen, — nachdem wir die Lebensumstände des Leonardo und ihren Einflufs auf seine geistige Thätigkeit veranschaulicht haben, dürfen wir wohl fragen, was folgt aus allen diesen Momenten? Wir antworten:

a. Es geht aus Leonardo's Schriften evident hervor, dafs er selbst eine unserer Zeit sehr nahe stehende Kenntnifs von vielen Gesetzen, Erscheinungen u. s. w. gehabt habe, vor allem aber, dafs er Erklärungen über eine Reihe von Erscheinungen bereits abgab, deren spätere erneute Auffindung durch Attwood, Porta, Galilei, Halley, Muschembroeck, Gassendi, Duverger u. a., diesen Männern zum Ruhme gereichte und ihnen den Namen als Entdecker der betreffenden Gesetze etc. einbrachte.

b. Leonardo war unter den Gelehrten des Mittelalters und zumal seines Jahrhunderts der erste, welcher die Erscheinungen in der Natur, die Naturkräfte rationell durchforschte, nicht aus oberflächlichen Wahrnehmungen seine Ansichten schöpfte, sondern sie auf Grund genauer Prüfung und angestellter Experimente sich bildete, nicht an ihnen hing als unumstöfslichen Wahrheiten, sondern sie modifizirte, je nachdem weiteres Eindringen in die Erscheinungen solche Modifikationen herbeiführten. Aus seinem Gedankengange resultirten klare und präzise Begriffe und eine Wortwiedergabe des Ergründeten, welche meistens die Richtigkeit und Wahrheit des Erforschten kurz und treffend bezeichnete und erklärte. Die Reihe solcher Präzisionen ergab sodann die Gelegenheit, Systeme der mechanischen, hydraulischen etc. Gesetze zu formiren; diese Systeme stellten die Grundgesetze der Naturkräfte und natürlichen Erscheinungen auf und nebeneinander in logischer Entwickelung, so dafs er bei Untersuchungen auf diese Fundamentalsätze zurückgreifen konnte, ebenso aber alle Untersuchungen nach den darin enthaltenen Gesichtspunkten durchführen konnte. Leonardo verfasste solche Systeme für vielleicht alle Gebiete der induktiven Wissenschaften; aus seinen nachgelassenen Schriften kennen wir solche Elemente, solche Systeme für die Malerei, Perspektive, Lichtwirkung, für die Hydrostatik und Hydraulik, für die Maschinenkonstruktion, für die Skulptur. Es läfst sich wohl annehmen, dafs Leonardo da Vinci diese systematischen Aufstellungen gleichsam betrachtete und gab als Leitfäden für die Vorlesungen an seiner Akademie in Mailand. Aus der Art der Abfassung, z. B. aus den oft auftretenden Anreden: „Du mufst Dich erinnern"; „Wenn Du dies thun willst" etc. scheint diese Auslegung fast zur Evidenz richtig. — Leonardo war also der erste, der versuchte, die Grundgesetze der Naturkräfte und Naturerscheinungen zu erklären und zu systematisiren. Welchen hohen Vortheil eine solche Betrachtungsweise stets hat und haben wird, ist uns wohl klar genug, da wir derselben huldigen, — aber auch die spätere Geschichte der induktiven Wissenschaft kann an vielen Fällen erweisen, dafs diese Betrachtungsweise immer zu bedeutenden Resultaten geführt hat, — gerade gegenüber der verschwommenen Weise der Aristoteliker und der Scholastiker, Mystiker und Dogmatiker. Wir verdanken derselben auch wohl die Fülle von Wahrheiten, die in Leonardo's Lehren enthalten ist; ja selbst da, wo Leonardo auf falscher Fährte ist, leistet diese Methode doch noch soviel, dafs man den Grund der unrichtigen Ansicht schnell einsieht. —

c. Es läfst sich behaupten, dafs Leonardo die von ihm erkannten Fundamentalgesetze der Naturerscheinungen und Naturkräfte anzuwenden verstand und auf Grund dessen eine Reihe nützlicher Erfindungen gemacht hat, und dafs seine Konstruktionen zum Theil in die Praxis übergegangen sind, ja zum Theil sich bis auf den heutigen Tag erhalten haben!

d. Leonardo's Darstellungsweise läfst uns ersehen, dafs viele in seiner Schrift ausgedrückten Anschauungen die Anschauungen seiner Zeit waren! Wenn nun, wie oben mehrfach angeführt, Whewell sagt: „Die dunkle Nacht (seit Archimedes) währte beinahe zwei volle Jahrtausende, namentlich bis auf die Zeit der ersten Ausbreitung der Kopernikanischen Entdeckung," und wenn für ihn das Erwachen der neueren Zeit erst mit Cardanus, Ubaldus, Benedetti, Varro, Jordanus, Tartaglia, Apian, Commandinus u. s. w. beginnt und erst den Karakter des wahren Fortschritts durch Stevinus erhält, ist diese Darstellung noch haltbar, wenn wir heute wissen, dafs zu Leonardo da Vinci's Zeit bereits bekannt waren die Gesetze der schiefen Ebene, die Bestimmung des Schwerpunktes, die Drehung der Erde, die Schwere der Luft, die Verbrennung und die Rolle der Luft dabei, die Camera obscura, der Fallschirm, der Einflufs der Erde auf den Mond, der freie Fall und vieles andere der statischen Gesetze, Gesetze der Reibung, der Wellenbewegung, des Schalls, des Lichts u. s. w., ja noch mehr, — bekannt waren zum Theil in viel präziserer und richtigerer Fassung als noch zwei Jahrhunderte nachher? Wir können Leonardo's Schriften betrachten als die vornehmste Aufzeichnung der Anschauungen, die die Gebildeten seiner Zeit hatten, und dabei besonders auf Leonardo's Einflufs auf und durch einen grofsen Schülerkreis hinweisen. Leonardo schöpfte mehrfach auch aus anderen Quellen, und dafs dieselben gedruckt oder geschrieben waren, wird annehmbar aus manchen Uebereinstimmungen Leonardo's mit späteren, z. B. Porta, der sogar in einem Falle dieselben Worte gebraucht wie Leonardo. Für seine mathematischen Studien gibt er uns selbst eine Reihe Schriften an, welche er liebte und fleifsig studirte.

Wollte man nicht gelten lassen, dafs Leonardo gleichsam auch der Ausdruck seiner Zeit wäre, nun so gewönne seine eigene Persönlichkeit so gewaltig, dafs sie auch in der Wissenschaft und Technik den bedeutendsten Erscheinungen aller Jahrhunderte zugerechnet werden müfste, er würde dann wie ein Berg in der Ebene über seine Zeit hervorragen.

Stets aber haben wir die Erscheinung beobachten können, dafs eine erhabene Kunstepoche der Blüthe der Wissenschaft vorangeht! „Die Kunst ist ihrer Natur nach praktisch; die Wissenschaft aber ist theoretisch oder rein spekulativ.“ Als daher die Blüthe der Kunst in Italien aufgegangen war mit Leonardo da Vinci, Raphael und Michel Angelo, da brach auch der Geist der Wissenschaften aus der Schleierhülle der Befangenheit, Beschränkung und Furchtsamkeit hervor. Zu jeder solchen Zeitepoche gehört eine Vorbereitung. Sie war der Kunst gegeben, und Leonardo da Vinci, selbst erfüllt eine hervorragend lehrende, anleitende Rolle, — so auch der Wissenschaft. Aber während Leonardo in der Kunst selbst den Parnassus der Vollendung miterstieg, — blieb er in der Wissenschaft, wenn auch hoch und erhaben über sein Jahrhundert und die Jahrhunderte vorher, doch unterhalb des Gipfels stehen, — weil er ihn in der Wissenschaft auch nicht erstrebte. Fast unbewufst, zu seiner eigenen Freude und Befriedigung diente er ihr. Wir wollen daher festhalten, dafs Leonardo da Vinci für die Geschichte der Wissenschaften und Technik seiner Zeit das Organ ist, dafs das Bekanntwerden und Ausschöpfen der Leonardo'schen Schriften ein neues Licht über eine ganze Zeitperiode verbreitet. Es wird dasselbe die Verdienste des Galilei, Kopernikus u. A. nicht verdunkeln, sondern vielleicht einen Dritten dem Bunde zufügen, einen Mann, der in der Malerei gleichberechtigter Vorgänger Michel Angelo's und Raphael's war und die Gesetze der Kunst neu belebte und lehrte, der in der Architektur die römische Kunst wieder zu Ehren brachte, — der als Ingenieur die gröfsten Kanalbauten seiner Zeit ausführte, und mit seinem klaren Verstande in den Zusammenhang der Natur eindrang, um ihn zu erklären und die Kräfte der Natur zum Wohle der Menschen nutzbar zu machen. — Leonardo da Vinci mufs betrachtet werden als der hervorragendste Vorarbeiter der Galileischen Epoche der Entwickelung der induktiven Wissenschaften und als Förderer der Technik seiner Zeit, — sowie als Repräsentant vieler Anschauungen seiner Zeit, über welche er uns klares Licht verschafft!! — und so zur Aufhellung des Dunkels beiträgt, welches über der geistigen Thätigkeit seiner Zeit bisher lagerte. —

Anhang.

Das Geschriebene auf der Tafel lautet:

links oben: a. b. pesa quanto un par di molle e

n. m. è la sega

f. g. è la guida

Farai fare due molle simili a questa a. b. colle sue chiavarde ovali in grossezza da trarre e mettere, quando si trae o mette la sua sega

Si delle due seghe non ne toccassi se non una, fa che quella una sia in mezzo del suo telajo acciochè il peso del telaio sia sempre comparatito a modo di bilancia sopra il taglio della sega che si adopra insino a tanto che la seconda sega discenda al constatto della pietra che si deve segare e allora tu metterai le due seghe in mezzo al detto telaio. Il moto della sega deve essere insino che il centro della gravità della sega giunga alli estremi della pietra segata e qualche cosa piû, acciocchè la sega si innalzi dalla parte piû lieve per dare luogo all' introito dello smeriglio sicchè entri sotto l'alzata parte della sega. Adunque sia tanto il moto della sega, quanto è la lunghezza della pietra che si deve segare, cioè in questa tal pietra, ma non in tutte, perchè ella protrebbe essere tanto piccola o tanto grande, che tale regola non sarebbe buona.

In der Mitte: Barbera stampa.

Oben rechts: Sega dasseghare piètre.

Unten rechts: Questa staffa si può fare d'un sol pezzo, e mettergli le seghe, e poi saldarle rinchiudendo dentro a sè esse staffe. Ma falla pure di due pezzi perchè non si avrà se non a cavare la chiavarda nel mettere la sega.

Links unten: Fa 4 chiavette di ferro per mettere in n. m. o. p. da poter mettere e cavare le seghe.

Unten: Fa li ferri al fabbro, e falli di cartone.

Bei der grofsen Figur links: Fa che sia più alto un' oncia il disotto della pietra, che si deve segare, quando tu la incolli, che non è il piano del disopra del desco; e questo si deve fare acciocchè la sega possa ventilare e pigliare sotto di sè lo smiriglio.

Unter der grofsen Figur: a. b. sono viti per poter fermare e congiungere lo scanno a questo desco, dove sega il segatore, e queste bandelle sono causa che il desco non si dimeni nel segare.

Die gegebenen Figuren sind theils genau genommene Durchzeichnungen, theils Kopien, theils Nachzeichnungen, — wie es die Gelegenheit erlaubte. —

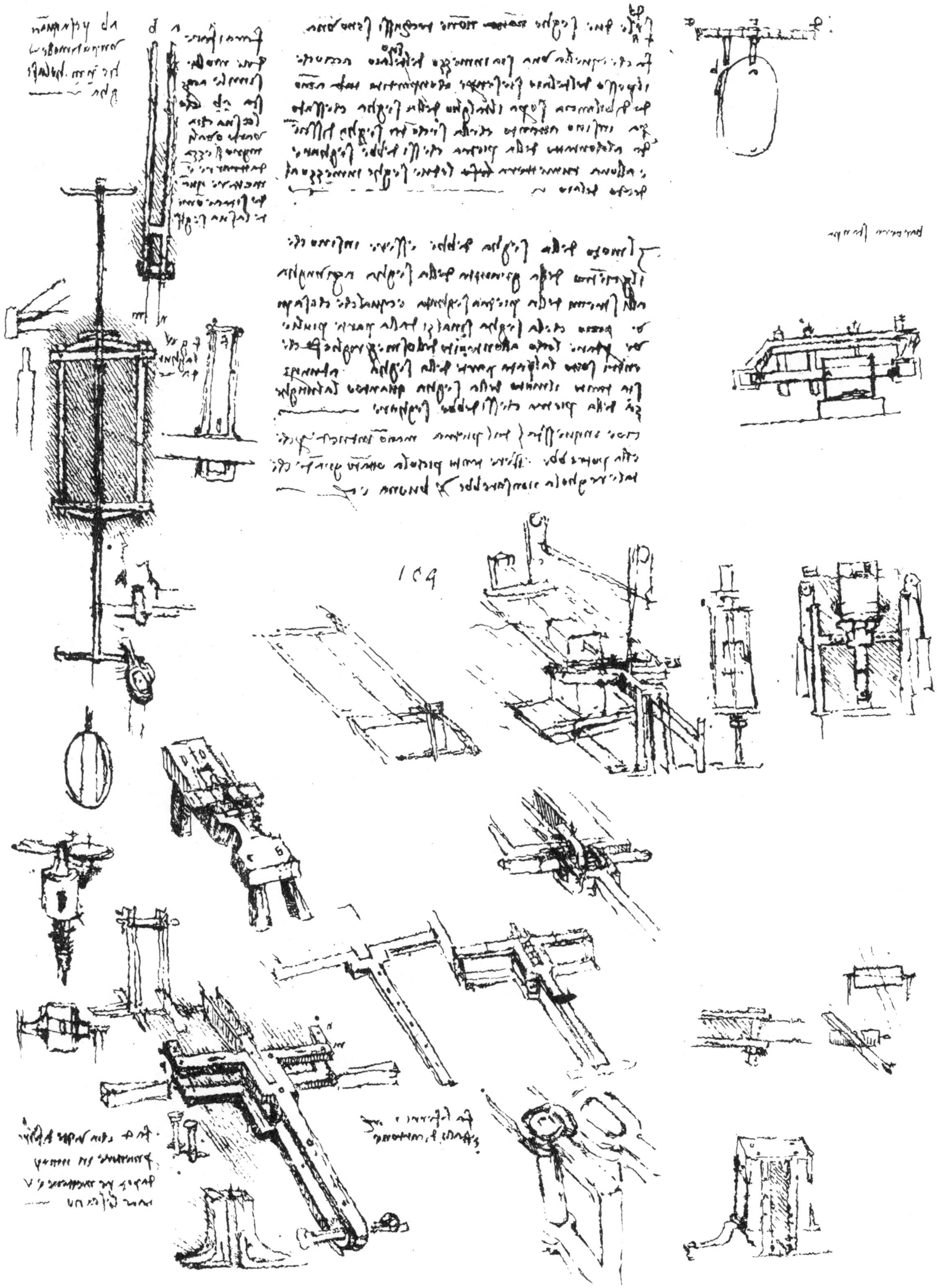

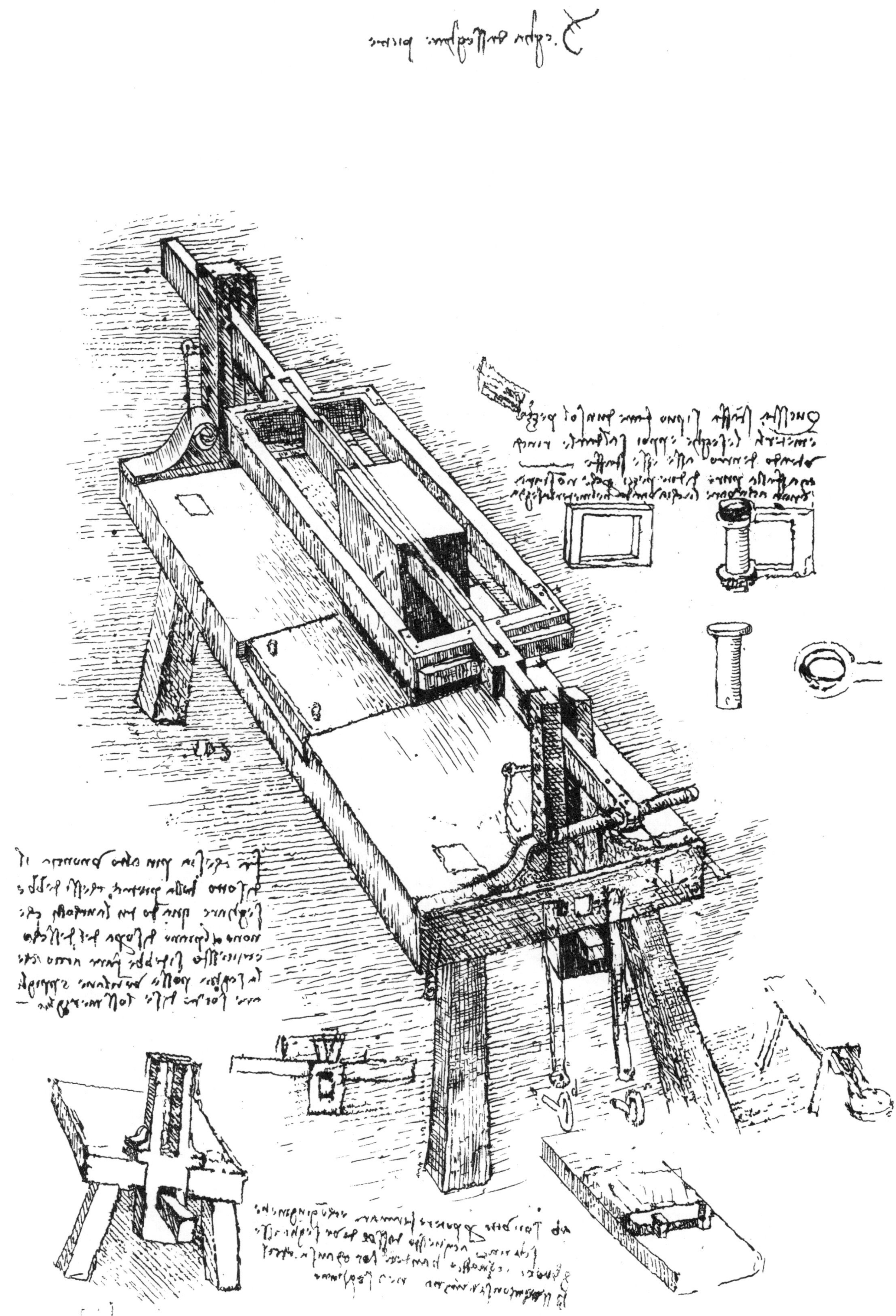